河南省国土资源厅地质矿产科技攻关项目成果
河南省矿产资源潜力评价项目资助

内生金属矿产大比例尺成矿预测及综合勘查技术方法研究

NEISHENG JINSHU KUANGCHAN DA BILICHI CHENGKUANG YUCE JI ZONGHE KANCHA JISHU FANGFA YANJIU

彭　翼　张寿庭　燕长海　高　阳　王功文
程志中　宋要武　曾　涛　钟江文　何玉良　著
许国丽　杨瑞西　王纪中　金　胜　鲁玉红

内 容 提 要

本书以现代成矿预测理论为指导,以地质物探、化探、遥感综合技术方法为依托,选择河南省斑岩系列钼铅锌银金矿、层控铅锌银矿和构造蚀变岩-石英脉型金矿3种主要成矿类型,分陆缘褶皱带、复杂造山带和山麓浅覆盖区3种地质背景。考虑密林中山区和丘陵两种地貌条件,在栾川钼(钨)铅锌银矿集区、卢氏钼(钨)铅锌银成矿远景区、老和尚帽银多金属异常区和崤山山麓浅覆盖区开展了内生矿产大比例尺成矿预测及综合勘查技术方法研究。涉及高精度磁测、可控源音频大地电磁(CSAMT)、EH-4连续电导率、频谱激电(SIP)、甚低频(VLF)、大功率激电(IP)、裂隙地球化学测量、气体测量(CO_2、Rn)、金属活动态测量、热释Hg测量和遥感(ETM+、ARST、SPOT5、IKONOS、QUICKBIRD)等众多方法试验。

该书可供从事地质找矿、教学与研究人员参考和使用。

图书在版编目(CIP)数据

内生金属矿产大比例尺成矿预测及综合勘查技术方法研究/彭翼,张寿庭等著. —武汉:中国地质大学出版社,2015.5

ISBN 978-7-5625-3601-7

Ⅰ.①内…

Ⅱ.①彭… ②张…

Ⅲ.①内生矿床-金属矿床-成矿预测-研究②内生矿床-金属矿床-勘探-研究

Ⅳ.①P618.201

中国版本图书馆 CIP 数据核字(2015)第 098227 号

内生金属矿产大比例尺成矿预测及综合勘查技术方法研究	彭　翼 张寿庭　等著
责任编辑:胡珞兰	责任校对:张咏梅

出版发行:中国地质大学出版社(武汉市洪山区鲁磨路388号)	邮政编码:430074
电　　话:(027)67883511　　传　真:67883580	E-mail:cbb@cug.edu.cn
经　　销:全国新华书店	http://www.cugp.cug.edu.cn
开本:787毫米×1092毫米 1/16	字数:260千字　印张:10.25　插页:1
版次:2015年5月第1版	印次:2015年5月第1次印刷
印刷:武汉中远印务有限公司	印数:1—1000册
ISBN 978-7-5625-3601-7	定价:38.00元

如有印装质量问题请与印刷厂联系调换

前 言

20世纪80年代后期至21世纪初,地质矿产勘查队伍经历由事业单位逐步向企业转变的改革,地质装备的更新不再有国家计划。在地质矿产勘查单位转向多元化经营的过程中,传统地质矿产勘查工作步履维艰,地质矿产勘查设备的更新趋于停滞。21世纪初,我国经济的高速发展引发了国内外矿产品价格的飞速上涨,出现了国家资源保障与安全问题。相应地,地质找矿与勘查技术方法体系在找矿难度日益加大的新形势下面临全面地更新。2006年,出台了《国务院关于加强地质工作的决定》,河南省国土资源厅启动了包括"内生金属矿产大比例尺成矿预测选区及综合勘查技术方法研究"在内的一批地质矿产科技攻关招标项目。与此同时,中国地质调查局和各省(区)国土资源厅开始组织全国分省(区)矿产资源潜力评价工作。河南省地质调查院承担了上述两项重大技术工程项目,本书即是成矿预测方法和勘查技术方法方面的研究成果。在研究过程中,中国地质大学(北京)、中国地质科学院地球物理地球化学勘查研究所和安徽省勘查技术院给予了技术支持和协作,赵鹏大院士、叶天竺教授、任天祥研究员等对研究工作进行了指导。成矿预测与综合勘查技术方法是具有示范性、前缘性和长久性的重大课题,本书反映的成果只是应当时找矿技术方法革新的一次探索,还有待开展长期不断地研究。

作者
2015年2月

目　录

第一章　绪　言 ……………………………………………………………………… (1)
　第一节　研究背景 ………………………………………………………………… (1)
　第二节　研究概况 ………………………………………………………………… (3)
　　一、任务来源与目的任务 ………………………………………………………… (3)
　　二、主要研究内容、研究方法及技术路线 ……………………………………… (4)
　　三、研究工作情况 ………………………………………………………………… (7)

第二章　大比例尺成矿预测研究 …………………………………………………… (9)
　第一节　大比例尺成矿预测的研究现状 ………………………………………… (9)
　　一、国外研究现状 ………………………………………………………………… (9)
　　二、国内研究现状 ………………………………………………………………… (10)
　第二节　成矿预测理论与方法概述 ……………………………………………… (11)
　　一、地质建造理论与成矿预测 …………………………………………………… (12)
　　二、成矿系列理论与成矿预测 …………………………………………………… (13)
　　三、成矿系统理论与成矿预测 …………………………………………………… (15)
　　四、"三联式"成矿预测 …………………………………………………………… (15)
　　五、综合信息矿产预测理论与方法 ……………………………………………… (17)
　　六、GIS在矿产预测中的应用 …………………………………………………… (18)
　第三节　木桐沟幅(1∶5万)成矿预测研究 ……………………………………… (18)
　　一、成矿地质背景 ………………………………………………………………… (18)
　　二、区域地球物理场 ……………………………………………………………… (22)
　　三、区域地球化学场 ……………………………………………………………… (22)
　　四、遥感影像特征 ………………………………………………………………… (22)
　　五、典型矿床特征 ………………………………………………………………… (22)
　　六、基于地质异常理论的综合信息成矿预测 …………………………………… (27)
　　七、基于矿床模型的综合信息成矿预测 ………………………………………… (34)
　第四节　栾川赤土店地区(1∶5万)成矿预测研究 ……………………………… (46)
　　一、成矿地质背景 ………………………………………………………………… (46)
　　二、区域地球物理场 ……………………………………………………………… (49)
　　三、区域地球化学场 ……………………………………………………………… (50)
　　四、典型矿产地特征 ……………………………………………………………… (52)
　　五、矿床模型综合信息成矿预测 ………………………………………………… (53)

I

第三章 基岩出露区综合勘查技术方法研究 ……………………………………… (59)

第一节 内生金属矿产勘查技术方法研究进展 …………………………………… (59)
一、矿产勘查技术方法回顾 ………………………………………………… (59)
二、勘查地球物理方法研究进展 …………………………………………… (60)
三、勘查地球化学方法研究进展 …………………………………………… (74)

第二节 木桐沟地区矿产勘查技术方法研究与矿体定位预测 ………………… (82)
一、马渠沟靶区 ……………………………………………………………… (82)
二、石门沟靶区 ……………………………………………………………… (86)
三、地球化学勘查元素选择研究 …………………………………………… (90)

第三节 栾川矿集区 CSAMT、SIP 技术方法应用 ……………………………… (96)
一、CSAMT 技术方法应用 ………………………………………………… (96)
二、CSAMT-SIP 技术方法应用研究 ……………………………………… (98)

第四节 桐树庄地球化学异常查证与金(钼)矿的发现 ………………………… (100)
一、异常查证工作回顾 ……………………………………………………… (100)
二、异常区地质地球化学特征 ……………………………………………… (103)
三、CSAMT 测量与钻探验证 ……………………………………………… (106)
四、启示 ……………………………………………………………………… (107)

第四章 山麓浅覆盖区综合勘查技术方法研究 ……………………………………… (108)

第一节 覆盖区矿产勘查研究现状 ………………………………………………… (108)
一、研究进展 ………………………………………………………………… (108)
二、覆盖区勘查技术方法原理 ……………………………………………… (108)
三、覆盖区勘查技术方法应用实例 ………………………………………… (111)

第二节 研究区成矿地质背景 ……………………………………………………… (118)
一、地质背景 ………………………………………………………………… (118)
二、成矿特征 ………………………………………………………………… (120)
三、地球物理特征 …………………………………………………………… (120)
四、地球化学特征 …………………………………………………………… (120)

第三节 覆盖区综合勘查技术方法应用研究 ……………………………………… (122)
一、研究思路与工作布置 …………………………………………………… (122)
二、高精度磁法测量 ………………………………………………………… (122)
三、甚低频电磁法(VLF)测量 ……………………………………………… (123)
四、大功率激电方法测量 …………………………………………………… (125)
五、气体地球化学测量 ……………………………………………………… (125)
六、金属活动态测量 ………………………………………………………… (126)
七、小结 ……………………………………………………………………… (127)

第五章 遥感地质技术应用研究 ……………………………………………………… (128)

第一节 遥感地质技术应用概况 …………………………………………………… (128)

一、常用遥感地质数据 ·· (128)
　　二、遥感地质技术应用 ·· (128)
　第二节　卢氏研究区遥感蚀变信息提取 ·· (129)
　　一、ASTER数据特点 ·· (129)
　　二、遥感图像干扰信息处理 ·· (131)
　　三、遥感图像蚀变信息提取 ·· (133)
　第三节　遥感地质解译 ·· (136)
　　一、遥感数据及其解译流程 ·· (136)
　　二、遥感解译概述 ·· (137)
　　三、研究区遥感解译 ·· (138)

第六章　结　论 ·· (145)

　第一节　研究进展和取得的主要成果 ··· (145)
　　一、研究进展 ··· (145)
　　二、取得的成果 ·· (145)
　第二节　有关研究结论 ·· (146)
　　一、关于大比例尺成矿预测 ·· (146)
　　二、关于基岩出露区有效综合勘查技术方法 ·································· (146)
　　三、关于山麓浅覆盖区综合勘查技术方法 ····································· (147)
　　四、关于遥感技术方法应用 ··· (147)
　第三节　今后工作建议 ·· (147)

参考文献 ·· (148)

第一章 绪 言

第一节 研究背景

大比例尺成矿预测是成矿预测体系中的最高层次,也是我国当前实施找矿战略的主要任务。我国在1979—1985年间开展第一轮成矿远景区划,以小比例尺(<1:20万)成矿预测为主;1992—1995年间开展第二轮成矿远景区划时,总体上以中比例尺(1:2万~1:10万)成矿预测为主;近年来,全国矿产资源潜力评价确定开展大比例尺(≥1:5万)成矿预测,是成矿预测体系中的最高层次,它是基础地质工作转入矿产勘查的基本途径,属于矿产勘查的前期工作,是实现地质找矿点上突破,快速、有效发现矿床(体)的主要途径,因此,也是我国当前实施找矿战略的主要任务。

勘查技术创新与新技术、新方法联合攻关,是当前大比例尺成矿预测尤其是隐伏矿和深部矿找矿预测的技术关键。Laznica(1997)对全世界140个大型矿床的发现史进行总结表明,截至1995年,应用先进技术发现的矿床占30%,传统技术发现的矿床占24%,凭机遇偶然发现的矿床占39%,依地质填图及后续工作发现的矿床占14.5%。但以近30年(1965—1995)发现的矿床统计,应用先进技术发现的矿床占71%,偶然发现的矿床占14.5%(彭省临等,2004)。随着已知矿、露头矿、浅部矿的渐趋枯竭,找矿难度增大,勘查技术创新与新技术、新方法联合攻关的重要性与必要性日趋显著。近些年,国内外在大比例尺成矿预测中,开展地、物、化、遥联合攻关已成共识;但如何更有效地识别、发现和提取新型的、深层次的、隐蔽的、间接的找矿信息,如何更有效地进行多元信息的有机关联与集成研究,以及如何在不同地区与不同成矿地质背景下优选最佳的勘查技术方法组合等问题,则是当今矿产预测尤其是隐伏矿产预测中亟待解决的关键问题。

河南省内生金属矿产成矿地质条件优越,找矿潜力巨大,迫切需要开展大比例尺成矿预测选区研究。该省处于古亚洲成矿域、秦-祁-昆成矿域与滨西太平洋成矿域的叠加部位,既有特定沉积建造的火山喷流、沉积喷流成矿作用,又有多期次构造-岩浆活动的岩浆-(潜)火山成矿作用,还有伴随造山运动的变质成矿作用,成矿地质条件十分优越。截至2004年底河南省共发现各类矿产126种,查明金属矿产地370处,矿产资源综合蕴藏量居全国前列。已发现的内生金属矿产主要为露头矿、浅部矿和半隐伏矿,勘查对象集中在强度高的物化探异常,主要矿产地的勘查深度一般在500m以内。相对应的是,我国当前部分金属矿产的经济采矿深度已达到1000km;一些重要成矿类型,如造山型金矿的成矿深度在2~20km;形成于海底火山-沉积建造中的块状硫化物矿床在造山带中亦可以有非常大的埋深;斑岩系列矿床的成矿深度也不仅以往浅成侵入体的概念,河南省大量深成花岗岩基中补充期侵入体的普遍钼矿化,大别山深剥蚀区斑岩系列矿床的存在,均说明其成矿深度是人类经济活动远不能及的;种种迹象表明，河南省1000m以浅的隐伏、覆盖金属矿床找矿潜力巨大，是我国东部重要的中深部"第二找矿空间"。然而，来自隐伏矿床的各种信息远没有出露矿床强烈，甚至为不同的表现形式，采集信息的方法、种类也不完全一致。如何更有效地识别、发现和提取新型的、深层次的、隐蔽的、间接的找矿信息，如何更有效地进行有机关联与集成研究，在不同地区与不同成矿地质背景下有着不同的方法选择，存在方法的适应性和优选问题。隐伏矿预测要求有相应的工作程度和深入的成矿规律研究，限于平面上的预测仅具有战略意义，加上精准的深度定位才有望实现找矿突破。因此，以隐伏矿、覆盖矿为对象的大比例尺成矿预测选区及方法研究是面临的新课题，是深部找矿迫切需要研究的问题。

内生金属矿产找矿难度越来越大，迫切需要更新找矿方法技术。以往地质工作偏重于浅埋藏强矿化信息的采集，对于可能指示深部矿化的微弱信息和间接指示目的矿种的其他种类的矿化研究较少。我国当前普遍使用的内生金属矿地球物理推测方法已沿用了几十年，以磁法和电法为主，其中磁法已更新了高精度的仪器，电法也实现了多功能无纸化操作，有关物探工作为河南省的地质找矿作出了历史的贡献。随着已知矿、露头矿、浅部矿的渐趋枯竭，当前河南省物探工作突出存在的问题是：以往使用电法的有效探测深度多在300m左右，且碳质层及其他激电干扰难以排除。缺乏对深部综合成矿信息的定位，有关高精度大探测深度的物探方法仅有少数几个单位进行过试验，如河南省地质调查院初步进行的可控源音频大地电磁测量试验，河南省地质调查院和河南省有色地勘总院等进行的瞬变电磁法试验，河南省物探队进行的浅层地震试验。河南省物探方法实验远不能满足目前的找矿需求，迫切需要试验推出针对地质目的不同边界条件下的有效物探方法组合。河南省已系统进行了基岩区1∶20万水系沉积物地球化学测量工作（分析39种元素），部分成矿远景地带开展了1∶5万水系沉积物（土壤）地球化学测量（分析10余种元素），重要异常区部分进行了1∶2.5万水系和1∶1万土壤地球化学测量（分析10余种元素），这些化探工作促进了一批矿产地的发现，出露矿产地基本圈定在不同比例尺的化探异常中。然而对大量异常（尤其是微弱异常）尚缺乏深穿透信息的研究，即是已圈定的异常在剖面解剖时分析元素也过少，缺少Ba、Hg、F、Cl、I、K_2O、CO_2等深穿透特征元素成分的分析，仅有河南省地质调查院开展过极少的地气测量和有关研究单位进行的偏提取实验。在覆盖区，河南省地质调查院正在进行的多目标生态地球化学测量部分涉及了山麓浅覆盖区，在54项分析中有Ag、As、Au、Ba、Be、Bi、Cd、Co、Cr、Cu、F、Hg、I、Mn、Mo、Ni、Pb、S、Sb、Sn、W、Zn共22项可供矿产调查使用。但对初步圈出的异常以及以往水系沉积物（土壤）地球化学异常在山麓前的未封闭区，尚有待做深穿透地球化学方法适应性研究，并需针对不同成矿类型研究适宜的物探测深方法。如同地质图的不同比例尺一样，不同分辨率的遥感数据包含了不同比例尺地质结构构造的变化信息。高空间分辨率的遥感数据已可以实现1∶1万、1∶5000地质草测，其对地质构造和隐伏构造的判断是地表填图所不能及的。高光谱分辨率的遥感数据分析甚至可以实现蚀变矿物填图。该省1∶5万小比例尺的地质工作已基本普及了遥感解译工作，近年来河南省地质调查院在铝土矿调查评价工作中，成功应用了高分辨率遥感浅覆盖区辅助填图（1∶1万），但在造山带中的高分辨、高光谱遥感应用还是空白，有关重要成矿区带高分辨、高光谱遥感找矿方法技术有待研究后推广。总之，找矿对象由露头矿、浅部矿变为覆盖矿、深隐伏矿，原地表赖以推深的依据已发生变化，针对浅部矿的工作方法已不适应深部空间，迫切需要更新找矿技术方法。需要指出的是，不是在已知矿床实验提出一些方法或方法组合就能解决深部找矿问题，而是要将已附带属性的方法和方法组合，运用到不同地质、地球物理和地球化学背景中的不同成矿类型,因此方法技术比技术方法更重要。

国内外内生金属矿成矿预测和综合方法技术为在河南省开展此项研究提供了理论基础和经验借鉴。近年来全球范围内一些大型和特大型金属矿床的发现无不与矿床模型的先导作用有关,也是地、物、化、遥联合攻关的结果。这些成功的实例为河南省开展此项研究提供了理论基础和经验借鉴,有优越的成矿地质条件作基础,内生金属矿产大比例尺成矿预测方法实验和综合勘查技术方法的研究,目的就是推出适合河南省主要矿床类型的隐伏(覆盖)矿找矿方法体系,推动重大的找矿突破。

正在实施的地质调查和矿产勘查项目为本项研究提供支撑,对实现内生金属矿产找矿重大突破和保持河南省在内生金属矿产勘查技术方面的国内先进水平具有重要意义。2000年以来,中国地质调查局部署的新一轮地质矿产调查评价工作将豫西南地区列为我国16个重点找矿片区之一。先后完成了"河南省桐柏地区银多金属矿调查评价""河南省平氏-竹沟地区铅锌银矿评价""河南省湍源地区铅锌银矿评价""河南省栾川赤土店地区铅锌银矿评价""河南济源一带铜铅锌矿评价""河南省豫西南地区1∶5万水系沉积物测量"等调查评价项目。配合调查评价工作开展了"豫西南地区铅锌银矿成矿规律研究"和"东秦岭(河南段)二郎坪群成矿规律研究"项目,与此同时系统进行了数据库建设。这些项目涵盖了河南省大部分的重要成矿区带。豫西南地区的多金属矿评价工作和1∶5万矿产地质调查工作仍在延续进行,为本项目的研究打下了基础并提供支撑。地质大调查工作全面推进了河南省地质勘查工作的科学进步,引入的"3S"技术已在全省推广,地质勘查主流程信息化技术也基本推广,目前正在推广地质勘查三维模拟可视化技术。有关工作重视系统的区域成矿规律的研究和成矿预测,如在全省推进了新一轮的1∶5万矿产地质调查工作和国土资源部部署的"全国矿产资源潜力评价"工作。重视新方法的运用,促使全省高精度磁测方法的普及运用,浅层地震、可控源音频大地电磁测深、地气和土壤热释汞等方法也已运用在河南省的地质大调查工作中。因此地质大调查工作为本项目的研究工作提供了很好的支撑。本项目的研究对象为中深部隐伏矿、覆盖矿,将促使一批隐伏矿产的发现,可望使当前500m以内的勘查深度延向1000m的经济深度,极大地拓展了找矿的空间,对实现内生金属矿产找矿重大突破有重要意义。河南省为国家地质找矿工作的大省,先后探明了在国内外有重要影响的小秦岭金矿田、栾川钼矿、破山银矿、银洞坡金矿、东沟钼矿等著名大型和超大型矿床,曾编写了我国钼矿、银矿勘探规范,在金属矿产勘查技术方面一直保持国内先进水平。本项目的研究旨在寻求适合河南省的快捷、高效、实用的地质找矿系列方法技术,对保持河北省在内生金属矿产勘查技术方面的国内先进水平有重要意义。

第二节　研究概况

一、任务来源与目的任务

"内生金属矿产大比例尺成矿预测及综合勘查技术方法研究"为河南省2006年地勘基金科技项目之一。2006年11月17日,河南省国土资源厅通过中国远东招标公司以公开招标方式发布"河南省国土资源厅地质矿产科技攻关项目"(豫财招标采购[2006]264号),河南省地质调查院中标承担其中的该项目,协作单位为中国地质大学(北京)。2006年12月30日,河南省国土资源厅与河南省地质调查院签订了"河南省国土资源厅科技招标项目委托研究与开发合同书",合同编号:豫财招标采购(2006)26411号。

根据豫财招标采购[2006]264号科技项目任务书(科研项目编号:11),本项目的目的任务是:在有前景的成矿预测区,开展基岩和山麓浅覆盖区以及隐伏内生金属矿产遥感、地球物理、地球化学综合信息找矿技术方法研究,提出验证靶区。

具体任务:在选定的成矿远景区开展大比例尺综合物探勘查技术方法试验,筛选先进适用技术方法;在选定的成矿远景区开展大比例尺遥感地质调查技术方法试验;总结不同类型矿床和不同地区,不同的地球物理、地球化学、遥感方法的找矿效果及适应性;综合各种技术方法,开展多元信息融合隐伏矿信息提取技术试验研究,筛选找矿验证靶区。

本研究与中国地质调查局和河南省国土资源厅"河南省矿产资源潜力评价"项目(2007—2013)前期工作同时进行,亦是该项目成矿预测课题研究内容之一,两项目共同开展了此项研究工作。

二、主要研究内容、研究方法及技术路线

(一)成矿远景区选择与主要研究对象

本次研究的具体任务服务于基岩区综合勘查技术方法、山麓浅覆盖区综合勘查技术方法和内生金属矿产大比例尺成矿预测三大主题,并以中深部隐伏内生金属矿产为主要研究对象。要求所选择的成矿远景区已开展过面积性物化探工作,并以正在进行的矿产资源勘查项目为依托。根据研究任务和要求,成矿远景区的选择考虑如下因素:选择河南省优势矿种钼铅锌银金;选择斑岩系列钼铅锌银金矿、层控铅锌银矿和构造蚀变岩-石英脉型金矿3种主要成矿类型;分陆缘褶皱带、复杂造山带和山麓浅覆盖区3种地质背景;考虑密林中山区和丘陵两种地貌条件。基于以上因素选择栾川钼(钨)铅锌银矿集区、卢氏钼(钨)铅锌银成矿远景区(1:5万木桐沟幅)、老和尚帽银多金属异常区和崤山山麓浅覆盖区开展内生矿产大比例尺成矿预测选区及综合勘查技术方法研究(图1-1)。

(二)主要研究内容和研究方法

围绕具体研究任务相应设置了3个研究课题:基岩区综合勘查技术方法研究、山麓浅覆盖区综合勘查技术方法研究、内生金属矿产大比例尺成矿预测。

1. 基岩区综合勘查技术方法研究

选择河南省成矿地质条件好的钼金银铅锌矿种,开展了地质与地球化学、综合物探、遥感勘查技术综合方法试验。试验选在已有大比例尺(≥1:5万)地、物、化工作基础,并具代表性的不同成因类型和不同地质边界条件的成矿远景区,根据地质条件与地形地貌,分别采取了不同方法或不同组合方法的试验研究。

(1)大比例尺遥感地质调查技术方法试验:在选定的卢氏、栾川成矿远景区,开展了1:5万、1:1万遥感地质解译、遥感蚀变信息提取和线环构造提取试验,研究了隐伏断裂、隐伏岩体和蚀变的分布特征。

图 1-1 研究区分布图

1. 崤山山麓浅覆盖区;2. 卢氏钼(钨)铅锌银成矿远景区;3. 栾川钼(钨)铅锌银矿集区;4. 老和尚帽银多金属异常区

(2)地球化学研究:在已往1:5万水系沉积物地球化学测量和14种元素分析的基础上,选择卢氏县夜长坪钼钨矿区和相邻的拐峪异常区,补充进行了22种元素分析并进行了相应的元素地球化学研究。对圈定的主要靶区开展了裂隙地球化学剖面研究。

(3)多金属矿综合物探勘查技术方法试验:进行了高精度磁测、可控源音频大地电磁剖面测量(CSAMT)、EH-4连续电导率剖面测量(EH-4)、频谱激电剖面测量(SIP)、大功率激电中梯剖面测量(IP)方法试验和综合方法找矿适应性研究,总结了不同类型矿床和不同地区,不同的地球物理、地球化学、遥感方法的找矿效果及适应性。有关物化探方法的试验按常理应布置在已知矿床,但有关矿床均已开采,存在采空、离散电流和污染等因素的干扰,因此不适合作物化探方法试验的对象。试验尽量避免干扰因素,选择有已知成矿线索,或经大比例尺成矿预测成矿可信度高的靶区,有关试验效果用正在实施的其他项目的钻探工作量来验证,取得了科研与找矿双丰收。

2. 山麓浅覆盖区综合勘查技术方法研究

选在崤山山麓浅覆盖区,针对构造蚀变岩型金矿,进行了高精度磁测,甚低频电磁法测量(VLF-TM),地气、热释汞和活动态偏提取技术方法试验,评价了不同方法的找矿效果和适应性。

3. 内生金属矿产大比例尺成矿预测

选择1:5万木桐沟幅,基于1:5万地质、高精度磁测及水系沉积物地球化学数据库以及1:20万重力数据库和遥感(ASTER)蚀变信息与线环构造,进行了内生金属矿产大比例尺(1:5万)成矿预测研究。根据预测区数据特点和数学地质条件,采用了"地质异常成矿预测"和"矿床模型综合地质信息预测"两种预测方法。通过在预测靶区中进一步开展的解剖性综合物化探剖面工作,实现了矿体定位预测。

(三)技术路线

研究的技术路线如图1-2所示。以现代成矿理论为指导,以区域成矿规律研究为基础,

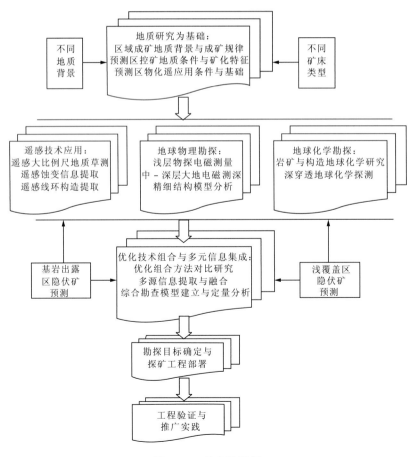

图1-2 技术路线图

通过区域对比研究思路和地质、地球物理、地球化学、遥感地质的综合研究思路,明确找矿方向和主攻目标;以地、物、化、遥多元找矿信息研究为基础,通过数学建模和当代计算机技术、数据库技术、3S技术的结合,实现区域矿产资源远景定量评价和找矿靶区定量圈定的新突破;以典型矿床地质模型和找矿勘查模型建模研究为指导,通过大比例尺、高分辨率的电磁测深技术,深穿透地球化学探测技术,高分辨遥感技术等新技术和新方法的联合攻关与示范研究,实现找矿靶区隐伏矿床(体)找矿预测的新突破,系统总结隐伏矿找矿预测的最佳组合技术方法,并予以推广实践。

在综合物探方法试验方面,以详细的地质矿产、地球物理背景研究为基础,充分考虑地貌有关方法的适用范围,尊重前人大量的勘查实践,首先从理论和实际上排除不适合的方法;在入选的方法中以地质目的和方法原理为理念,以国内最新研究为起点,针对不同地貌、干扰因素和成矿类型进行最佳效绩组合与经济组合的实验,从中优选针对性的经济实用的不同物探方法组合。综合物探方法的试验与综合化探方法,特别是与深穿透的化探方法相接合,推出先进有效的综合方法体系。

三、研究工作情况

1. 研究实施情况

2007年1~3月,完成了设计编制并通过了审查。2007年12月,在选定的成矿远景区初步开展了区域重力、高精度地面磁测、水系沉积物地球化学和遥感(SPOT5、ASTER、QUICKBIRD)等综合数据处理,基于综合成矿信息研究和弱异常提取,圈定了系列隐伏金属矿找矿靶区。由于招标采购的V8电法设备到货太晚,当年仅完成了CSAMT剖面设计工作。计划以匹配工作量的形式资助本科研项目的"河南省卢氏-栾川地区铅锌银钼矿评价"项目在当年结题,继续开展工作的中国地质调查局矿产资源调查增量项目"河南杜关-云阳地区钼铅锌多金属矿评价"延迟于2009年实施,致使野外工作顺延。

2008年实验掌握了SIP工作方法,采购EH-4设备后完成了相应工作,完成了大功率IP、气体测量(CO_2、Rn)、金属活动态测量、土壤热释汞剖面测量工作。调整开展了1:1万高精度磁测、甚低频、裂隙地球化学和22种元素地球化学测试工作。

2009年1~7月,通过"河南杜关-云阳地区钼铅锌多金属矿评价"项目,补充完成了SIP测量,初步进行了钻探验证工作,逐于2009年7月底完成科研成果报告编写。2009年8月16日,研究成果报告通过了河南省国土资源厅组织的审查验收和科学技术成果鉴定。

2. 完成实物工作量

本研究完成的主要实物工作量如表1-1所示。

表1-1 实物工作量

名称	工作量
1:5000高精度磁测剖面	240km
可控源音频大地电磁测深(CSAMT)	350点
频谱激电(SIP)	100点

续表 1-1

名称	工作量
EH-4 连续电导率	200 点
大功率激电中梯(IP)	100 点
甚低频地磁测量(VLF-TM)	5km
1:1万土壤(岩石)测量	10km
裂隙地球化学剖面测量	10km
1:5万水系沉积物化探样品分析	327 件
1:2000 地气(CO_2、Rn 气)测量剖面	5km
1:2000 土壤汞气测量剖面	5km
1:2000 活动态偏提取测量剖面	5km
1:5万遥感解译	600km^2
1:1万遥感解译	150km^2

3. 研究分工

项目技术指导为叶天竺研究员，项目顾问为赵鹏大院士、任天祥教授。项目负责人彭翼高级工程师、张寿庭教授。课题负责人金胜副教授、程志中研究员、王功文副教授分别负责3个课题，及物探、化探和遥感专业研究工作。河南省地质调查院主要研究人员为彭翼、燕长海、何玉良、宋要武、付少英、王纪中、杨瑞西、马振波、许国丽、王丰收、曾涛、钟江文。中国地质大学（北京）主要参研人员为张寿庭、王功文、程志中、金胜、高阳、杜家茂、陈燕琼。张燕平、赵荣军等参与了投标和设计编制。物探工作由河南省地质调查院矿调中心承担，河南省地质调查院信息中心大部分人员参与了GIS工作，在研究区开展其他项目工作的院基础中心、矿调中心的很多人员参与了项目工作。样品测试工作主要由中国地质科学院地球物理地球化学勘查研究所完成。

在立项论证与项目实施过程中，王建平、张良、徐成翔、魏丹斌、王厚民、张克伟、宋峰、王志宏、张宗恒、左玉明、焦守敬等省内专家给予了点评和指导，安徽省勘查技术院（原地质矿产部第一综合物探大队）汪青松高级工程师、徐善修教授级高级工程师、崔先文教授级高级工程师对项目物探工作给予了指导和帮助。很多参与过项目工作的同事和给予过指导帮助的专家、学者无法一一列举，在此表示衷心的感谢。

本书由彭翼、张寿庭主笔，王功文执笔第五章。高阳博士在张寿庭教授的指导下完成了题为"豫西内生金属矿床隐伏矿综合勘查技术方法实践"的博士论文，该论文的部分内容改编在本书中。燕长海、程志中、宋要武、曾涛、钟江文、何玉良、杨瑞西、许国丽、王纪中、曾涛、钟江文、金胜、鲁玉红、马振波等参与了本书的编写或数据处理和插图编制。

第二章 大比例尺成矿预测研究

成矿预测是矿床勘查工作的重要环节和先行步骤,它对提高找矿成效、规划经济发展和部署勘查力量都有重要的意义(卢作祥等,1982)。按照比例尺和预测目的的不同,大比例尺预测又分为矿田预测、矿床预测和矿体预测3个层次。1∶5万比例尺的预测即是矿田预测,主要在 V 级成矿区中或中比例尺预测所圈定的 A 类预测区内进行。1∶1万比例尺的预测是进行矿床尺度的预测。而大于1∶1万比例尺的成矿预测则是对矿体进行预测。

大比例尺成矿预测以成矿预测理论为指导,强调成矿模式的研究、矿田构造的研究、成矿地质异常的研究及成矿预测的定量立体研究(肖克炎,1993),强调地质、地球物理、地球化学、遥感等技术方法的最佳组合,从中获取找矿信息,圈出预测靶区,经工程验证达到发现矿床的目的,为进一步地质勘探找矿提供依据。

第一节 大比例尺成矿预测的研究现状

一、国外研究现状

世界矿产勘查已经进入到隐伏矿预测勘查时代,当前提出的"深部找矿"正是寻找隐伏矿的集中体现。寻找隐伏矿要依靠大比例尺成矿预测。国外对大比例尺隐伏矿预测进行研究由来已久,研究比较深入的国家当属苏联以及美国、加拿大、澳大利亚等矿业较发达国家。

苏联自1958年以来,在一些重要矿区开展了隐伏矿预测工作,经过多年努力已经形成了比较完整的矿产预测理论和方法体系。理论研究成果尚不多,以某种成因概念和类比原则为基础的经验方法仍占主导地位。在进行大面积1∶5万区域调查时,他们大量应用遥感、地球物理、地球化学等方法,同时进行成矿预测,明显地提高了区调质量和找矿效果。苏联多次召开专门性的隐伏矿产预测学术讨论会(1958,1971,1986,1987),发表了很多专门探讨隐伏矿预测问题的文章和专著,如《隐伏矿研究及普查勘探问题》《以热液矿床分带为基础的隐伏矿预测》和《热液矿床详细预测图的编制》等。1971年12月,苏联地质科学研究所召开的"金属矿床与非金属矿床科学预测的基础"讨论会指出:"成矿预测只能以事实为基础,研究成矿元素含矿建造、控矿断裂及侵入体的分布特点和找矿经验奠定的规律。"1974年,苏联地质工作者提出"地质异常"的概念,通过编制地质异常图来确定储矿构造,强调综合构造、岩浆、地貌、地球化学、地球物理异常的特征,抓住"地质异常"的综合特征来预测大型矿床。1986年10月召开的"建造分析是有色、稀有和贵金属矿床大比例尺预测和普查的基础"学术讨论会和1987年5月召开的"提高矿床局部预测科学论证效果"全苏科技会议,专门讨论制定了局部预测方法和合理的"预测普查组合"。随着寻找隐伏矿工作的开展,三维空间综合性地质调查和立体成矿预测也得到了一定程度的发展,苏联在地质工作研究程度较高的土尔盖和鲁德内依阿尔泰地区,运用局部成矿预测的理论和方法及综合性立体地质方法,成功找到了4个隐伏的多金属矿床。

美国、加拿大等国也对隐伏矿预测问题给予了极大关注。从1975年起,美国地质调查所的主要活动转向寻找隐伏矿和低品位矿的预测评价方法与勘查技术。现代地质工作开展较晚的澳大利亚也开始了寻找隐伏矿。美国、加拿大、法国等国在1∶5万填图工作中广泛采用遥感地质和航空物探等方法,大大提高了工作效率并取得较好的找矿成效。从1975年开始,美国执行完成了"美国尚未发现的石油和天然气可回收资源的地质估计""阿拉斯加矿产资源评价计划""国家铀资源评价计划""美国本土矿产资源评价计划"四大计划。近年来,西方勘查界在积极发展各种找矿勘探新方法和新技术的同时,普遍重视运用成矿模式进行矿产区域评价和靶区选择。1980年,在《加拿大地学》杂志上先后发表了12个矿床类型的成因模式。加拿大地质调查所总结出版了《加拿大矿产类型》,书中详细介绍了矿床模式。1985年,在美国召开的"公有土地矿产资源评价展望"专题讨论会,肯定了矿床模式是进行矿产预测和评价的有效方法。美国地质调查所的科克斯、巴顿、辛格等一批矿床学家在总结了世界上4000多个矿床的地质特征,出版了包括85个矿床模式、60个品位-吨位模式的《矿床模式》一书,书中强调了在理论指导下,矿床模式在找矿预测中的作用。西方国家运用成矿模式理论指导找矿,获得了一些重大突破,发现了一批重要的隐伏矿床,如美国新密苏里铅锌矿(埋深330m)、卡拉马祖斑岩铜钼矿(埋深600m)、亨得逊钼矿床(埋深900m)。美国矿产资源评价方面比较有代表性的理论"三部式"定量评价,亦是建立在矿床模型的基础上。成矿模式是迄今成矿学中最有生命力的研究内容之一。作为类比找矿的标准与知识模型,成矿模式详尽、精细地刻画了包括成矿环境在内的成矿物质来源、成矿作用等成矿的全部过程,在矿床学理论研究与找矿预测领域占有无法取代的重要地位,是矿床理论研究向实际生产转化的必要途径,体现了矿床理论的预测功能,是理论找矿的集中体现。

在成矿预测和勘查评价方面,西方国家已经形成了比较成熟的预测理论和评价方法,在预测隐伏矿床和大比例尺预测方面,取得了一定的进展和成就,但其方法和理论仍有待进一步的发展与完善,其理论和方法还是以传统的"相似类比"理论为指导,只能预测同种类型的矿床,如关于成矿模式的研究在预测大型、超大型矿床方面就受到了限制(王安建等,2000)。

二、国内研究现状

在我国,对隐伏矿床大比例尺成矿预测的探索工作在20世纪50年代即已开始。典型案例如1956年甘肃小铁山黄铁矿型多金属矿床的成功预测。当时主要依据地质构造和成矿特点的分析,在已知矿床外围进行简单的类比预测。20世纪60年代初期,华南钨矿地质工作者对一部分钨矿总结出"五层楼"模式,揭示了成矿规律与成矿模式,用来指导寻找隐伏矿获得了很好效果。云南个旧锡矿,根据花岗岩突起控矿的认识,采用大面积电测深方法,并结合化探构造原生晕和岩石变质特征研究,探索隐伏花岗岩突起的位置,有效地指导了隐伏锡矿体的预测。20世纪60年代中后期到70年代,地质力学理论与方法指导矿床预测,取得了一定成效,江西大余木梓园隐伏钨钼矿床、河南卢氏夜长坪隐伏钨钼矿床的预测成功都是典型案例。"七五"期间国家科委组织了"中国东部隐伏矿预测"的专门性科研攻关课题,在长江中下游地区的铜陵狮子山矿田、九江城门山-瑞昌武山矿田、大冶铁东矿田等地开展成矿预测,取得了较好的成效。与此同时选择了地质工作研究程度较高的地区,开展三维立体统计预测的试点。地质矿产部物化探局组织"1∶5万区调中遥感、物探、化探应用和方法研究",分别在侵入岩发育区、变质岩发育区、沉积岩发育区和火山岩发育区设立4个专题,应用综合方法,加快区调进度,提高找矿成效。1985—1986年中国地质学会矿产普查勘探专业委员会两度举行了以"如何寻找隐伏矿"为中心议题之一的全国性学术讨论会,中国有色金属总公司召开了"隐伏矿找矿方法经验交流会"。这些会议重点讨论了隐伏矿床的普查预测方法和建立综合找矿模型,交流了成矿预测经验。1988年,地质矿产部在武汉召开的固体矿产普查工作会议上,决定有计划有步骤地开展中、大比例尺成矿预测工作。近年来,我国进行第三轮成矿远景区划时,确定开展大比例尺(>1∶5万)成矿预测。

在理论方面,近些年来,在我国先后提出并开展了矿床统计预测、矿床成矿系列与成矿预测、"成矿系统"理论与成矿预测、边缘成矿理论与成矿预测、"三源"成矿理论与成矿预测、成矿流体及地幔热柱控矿理论与成矿预测、地-物-化-遥综合信息成矿预测、"三联式成矿预测"等,均不同程度地在指导找矿实践中发挥积极而重要的作用。

在方法技术方面,多采取测深能力较大的物探方法以及新的化探方法、遥感技术进行联合攻关。在研究程度较深的老矿区,还进行了大比例尺立体预测。如胡惠民等(1995)在铜绿山矿田进行的大比例尺立体定量预测,李紫金等(1991)在安徽月山矿田开展了大比例尺三维立体矿床统计预测,陈建平等(2007)利用三维可视化技术,对个旧锡矿某矿田进行了隐伏矿体预测。我国的大比例尺成矿预测或隐伏矿体预测已经达到了一个新的水平,已经开始从平面预测走向立体预测,从定性预测走向定量预测,从浅部预测(300m以上)走向中深部(300~500m)预测。

第二节　成矿预测理论与方法概述

赵鹏大院士提出的科学找矿思想体系及预测基本理论和准则是指导大比例成矿预测的总原则(胡惠民,1995)。科学找矿思想体系包括理论找矿、综合找矿、立体找矿和定量找矿。

理论找矿主要运用各种成矿理论和矿产预测理论来指导找矿,代表性的理论有地质建造理论、矿床成矿系列理论、成矿系统理论、边缘成矿理论等。运用这些理论阐明各类矿床的典型成矿环境和成矿因素、控矿条件和各类找矿标志,建立成矿模式,运用"相似类比"的原则,寻找类似的地质环境和成矿条件,来指导本地区的找矿工作。

综合找矿包括综合手段、综合信息和综合矿种,着重强调使用综合技术手段——地球物理、地球化学、遥感来进行找矿。特别注意综合手段的最佳组合,从中提取综合信息,查明含矿地质体的地质、地球物理、地球化学特征,建立综合找矿模型,如地质-地球物理模型、地质-地球化学模型、地质-地球物理-地球化学模型等。

立体找矿主要是在工作程度较深的老矿山进行,运用综合技术手段开展深部地质填图,绘制基岩地质图。运用若干条主干剖面的成果,编制中段平面地质图,查明一定空间中某一部位地质体的结构及其几何要素,运用矿床预测准则,估计隐伏矿可能赋存的位置和三维空间变化,增加找矿深度。

定量找矿是通过建立矿床成因、时空分布、质量数量评价的数学模型的途径来达到预测和评价矿床的目的,查明各种控矿因素和找矿标志的信息量,建立定量预测数学模型,估计预测区的找矿概率大小和矿产资源量。

在成矿预测工作中,对待成矿理论应有科学的态度,一方面要重视总结本地区找矿预测的经验,另一方面要重视成矿理论研究。成矿理论作为地球科学理论体系的重要组成部分,其根本目的绝不仅仅是为了解释已经发现的矿床,而应该是为更加有效地发现新矿床,创造具预测能力的理论工具。预测能力无疑是评价和检验成矿理论的最高标准(刘亮明,2007)。成矿理论运用到预测中最为著名的例子是以矿床蚀变分带模式为核心的斑岩铜矿成矿理论,应用该理论在美国西部找到了很多的斑岩型铜矿。正确地应用具预测能力的成矿理论(主要是矿床模式),能有效地促进预测性找矿发现,提高找矿勘查的成功率。

在主要以寻找隐伏矿床为目的的大比例尺成矿预测中,更需要用新的成矿理论和找矿理论来指导,进行"去伪存真,去粗取精"处理。进行新的找矿靶区分析,从而达到解决过去存在的地质问题、提取新的有用地质信息的目的,并使研究对象更全面、更真实、更客观地反映出来,建立更具体的矿床模型和更有效的找矿评价标志。将现代成矿理论应用于成矿预测,代表性的成矿理论有地质建造理论、成矿系列理论、成矿系统理论。定量矿产预测的理论有三联式成矿预测、综合信息成矿预测等。

目前,人们对成矿预测理论的认识还处于一种百家争鸣的状态,具体可以归纳为3个方面(曹新志等,2003):①成矿理论就是预测理论;②以指导成矿预测工作出发所提出的预测理论;③以指导预测工作方法出发所提出的预测理论。概述对矿产预测有重要影响的成矿预测理论或成矿理论如下。

一、地质建造理论与成矿预测

地质建造产生于一定的地质环境,它是地壳某一部分在一定的发展阶段形成的岩石天然集合体。矿石建造是在特殊地质环境中产出的有用矿物组合,可理解为产出地质条件相近、矿石成分相似的同一类型的一组矿床,相当于地质-工业类型。矿石建造是地质建造的组成部分,两者具有密切的时空联系。苏联学者认为,地质建造就是岩石的共生组合。他们将矿石建造划分为150个包括主要工业矿床类型的矿石建造,如矽卡岩铁矿建造、斑岩型铜钼建造、稀有金属伟晶岩建造等。博罗达耶夫斯卡娅等(1984)将与矿有关的地质建造分为4类:①容矿建造,成岩后发生成矿作用的被动地质环境;②含矿建造,既是成矿介质又是矿质搬运剂的来源,属于容矿建造的局部情况;③生矿建造,在容矿建造中起物质来源搬运剂和能源作用的地质产物;④造矿建造,依靠含矿建造中的物质实现成矿作用时起能源作用的地质产物。

将地质建造与成矿作用过程结合起来,苏联概括出了6个地质建造组合(表2-1)。在大比例尺成矿预测中,可以与矿床模式研究结合起来,可以提出进一步建立典型含矿地质环境的地质成因模式。

建造分析在成矿预测研究和矿床预测中具有重要意义。成矿预测就是有科学依据地预测不同类型矿化赋存的可能地点。而预测的基础则首先是利用一定地质建造和矿石建造在分布上的相关关系。根据建造分析可以确定区域的潜在含矿性,确定对该地质环境来说最有远景的矿石类型和最主要的含矿建造。建造分析为研究矿床的分布规律,查明控矿因素和预测准则提供了多方面的珍贵材料(戴自希等,2004)。

表 2-1 成矿建造的分类(据胡惠民等,1995)

矿石建造类型 (按参与成矿作用的地质建造的相互关系分类)	地质建造类型 (按在成矿过程中起确定作用和推测作用的分类)				能量模式 (据斯米尔诺夫,1981)	矿床实例
	容矿建造 (PBФ)	含矿建造 (PHФ)	生矿建造 (PГФ)	造矿建造 (POФ)		
Ⅰ PBФ+PГФ	C	—	T+B+3	—	吸热模式	脉型和矽卡岩型
Ⅱ PBФ=PHФ	C+T+B	—	—	—	放热模式	含铜砂页岩,碳酸盐岩系中的铅锌矿,黄铁矿和其他层状和渗滤矿床
Ⅲ PBФ=PHФ=PГФ	C+T+B+3	—	—	—	吸热模式	镍和铜-镍、铬铁矿、钛磁铁矿岩浆型矿床,伟晶岩型矿床
Ⅳ (PBФ=PHФ)+POФ	C+T+B	—	—	T+3	混合模式	矽卡岩化和再生层状矿床,变质热液矿床,受变质的含金属黑色岩系
Ⅴ (PBФ=PHФ)+(POФ=PГФ)	C+T+B	—	T+B+3	—	混合模式	
Ⅵ PBФ+(PBФ=PHФ=PГФ)	C	C+T+B+3	—	—	吸热和放热模式,也可能是混合模式	云英岩型矿床,斑岩钼矿或铜-钼矿床

根据这种认识,在苏联建立了不同地质环境下的铜、镍、铅、锌、钨、锡、钼矿床和贵金属矿床建造组合方案,进行成矿预测。其要点是:确定矿石建造的主要特征,即矿物成分和成矿元素成分,估计主要造矿元素的数量比值;查明容矿建造的主要指标,即岩相组合、数量比例、造岩化学元素成分及其比值。

分析矿石建造与地质建造的相互关系,查明一类矿床在同一大地构造环境中出现的稳定程度,根据构造与建造来识别成矿单元。论证矿床类型属于哪一类地质建造组合,根据建造组合大致确定相应的矿床发育地区。

大比例尺成矿预测要确定矿化类型在一定地质构造环境中的具体位置和含矿建造分布范围。估计矿化规模还必须研究每个矿石建造的主导成矿因素,制定矿场局部预测准则为构造准则、岩石矿物准则、时间准则、剥蚀准则、地球物理准则和地球化学准则(胡惠民等,1995)。

地质建造分析侧重研究成矿环境,了解成矿地质背景,按地质建造组合与矿石建造之间关系建立成矿模式,其实质是根据建造来构造矿床模式,应用矿床模式进行成矿预测,其预测原理仍然是基于"相似类比"理论的。

二、成矿系列理论与成矿预测

翁文灏(1920)的《中国矿产区域论》文章中,在论述中国南方矿床分带时首次用了"成矿系列"这个名词,并取名为铁矿成矿系列(程裕淇等,1976)。1979 年,由程裕淇先生倡导与陈毓川、赵一鸣一起撰写了《初论矿床的成矿系列问题》一文,正式提出了成矿系列的概念。近 30 年来,在我国共建立了 214 个矿床成矿系列,434 个矿床成矿亚系列,978 个矿床式,编制了第二代全国前寒武纪、古生代、中生代及新生代成矿系列图。成矿系列的研究与应用对促进矿产资源调查和矿产勘查工作起到了很好的作用。

矿床成矿系列的定义可简略为：在特定的四维时间、空间域中，由特定的地质成矿作用形成有成因联系的矿床组合，是矿床地质学科中研究区域成矿规律的一种学术思想，用系统论、活动论观点研究在地质历史发展各阶段、各特定地质构造环境中成矿作用的过程及形成的矿床组合自然体。矿床的成矿系列亦是一种矿床的自然分类，它侧重研究一定区域不同类型矿床之间的相互关系和共生规律。它以系统论的观点出发，以基础地质研究为基础，探索一定区域内不同类型矿床的内在联系和规律，既重视区域成矿作用和成矿演化的统一性和共同特征，又注意地质构造条件的局部差异和变化对成矿作用的积极影响（朱裕生等，1995）。

成矿系列主要学术思想：①矿床是地质环境中的组成部分，成矿作用是形成地质环境的地质作用中的一个组成部分。②矿床在自然界并非单个存在，而是以有成因联系的矿床组合自然体存在。③在一定的地质历史期间或构造运动阶段，在一定的地质构造单元及构造部位，与一定的地质成矿作用有关，形成一组具有成因联系的矿床组合自然体。④矿床成矿系列内的矿床在时空域中具有一定的演化规律和分布规律。⑤在同一地区先后形成的矿床成矿系列具有一定的继承性及演变性，并可出现对早期矿床成矿系列的叠加、改造。⑥在一个地质构造旋回涉及的构造单元内所形成的各类矿床成矿系列，具有一定的演化规律、分布规律及内在联系，组成矿床成矿系列组。⑦不同时代、不同地区具有类似地质构造环境和同类成矿作用，可形成类似的矿床成矿系列但又各具特色，组成矿床成矿系列类型。⑧矿床的成矿系列可分出5个序次（层次）：第一序次分3类，矿床成矿系列组合、矿床成矿系列类型和矿床成矿系列组；第二序次矿床成矿系列；第三序次矿床成矿亚系列；第四序次矿床式（类型）；第五序次矿床。

成矿系列概念的核心认识认为矿床不是单独出现，而是成群、呈不同类型组出现，亦就是以不同成因、不同矿种，甚至属于不同地质建造的矿床组成的相互有成因联系的矿床组合的自然体出现。因此，成矿系列所研究的对象是时空域中矿床的自然体及其时空结构、形成地质构造环境、形成过程、演化规律以及矿床自然体之间存在的各种关系。通过对这些客观规律的研究、探索和掌握，应用于指导区域找矿，提高找矿效率，并在此过程中进一步提高对成矿规律的认识。

成矿系列研究可从3个方面为找矿工作提供指导：①成矿系列概念中的核心思想之一是认为矿床是以矿床组合自然体存在的，而这种矿床组合是在一定的地质构造环境中，可以由不同矿种、不同成因的矿床所组成的，并在区域分布上是有一定规律的。这为区域综合找矿工作提供了理论依据。②矿床成矿系列类型的提出，为具有同类地质构造环境及同类地质成矿作用的地区找矿工作提供了重要指导，可通过类比寻找类似的矿床组合。这为新区域确定找矿目标提供了有科学依据的指导，为老矿区找矿提供可能遗漏矿种的找矿目标。③矿床成矿系列组的建立，提出了从一个大地构造旋回内在不同的地质构造环境中可能形成的矿床成矿系列。这为大区域找矿部署提供了思路。

朱裕生（1997）认为，一个矿床成矿系列具有内在联系的矿床类型是一个定数，并将这个类型数称之为一个矿床成矿系列矿床类型的"全位"，而将同一成矿系列中矿床类型发育不全称之为"缺位"矿床。"缺位"系指一个矿床成矿系列的"全位"概念在相似构造单元内（或成矿带、亚带、矿田等）推断可能出现的"缺位"矿床类型，阐明矿产资源的潜力。毕伏科等（2006）将成矿系列缺位分为成矿系列空间缺位、成矿系列时代缺位、矿床类型缺位、矿床成矿元素（矿种）

缺位,并在燕山地区成功地用成矿系列缺位思想做指导进行了成矿预测。

胡惠民(1995)将成矿系列理论的特点总结为概括性、联系性、有序性、过渡性、互补性、预见性。概括性即是成矿系列理论从理论高度来阐明内生金属矿田内"多位一体"的成矿模式。联系性指在任何矿带、矿田内矿床成矿系列,在空间分布上、时间演化上及矿物共生关系上都具有相互联系,组成纵横交错的网络结构,受一种主导成矿因素制约。有序性指成矿系列从高层次到低层次有序排列:成矿系列组合—成矿系列—成矿亚系列(包括矿床类型)。过渡性指成矿系列内端元矿床之间常出现过渡型矿床。互补性指在一个成矿区带中,各矿床类型之间元素成矿的地域性特点,即某一类型矿床某种或某几种成矿元素分布于彼区,另一类型矿床某种或某几种成矿元素分布于此区,成矿元素互为消长,相互补充。预见性,有了有序性、联系性的思想,在同一成矿系列中发现一种矿床类型就能预测另一种矿床类型,取得"举一反三"和"按图索骥"的预测效果;有了过渡性思想,可以在两个亚系列之间和两个端元矿床之间发现过渡型矿床。

三、成矿系统理论与成矿预测

翟裕生(1998)提出:成矿系统是在一定时空域中由控制成矿诸要素结合成的,具有成矿功能的统一整体。它包括成矿物质由分散到富集的制约因素、作用过程及各种地质矿化产物。后来,又将成矿系统定义为:成矿系统是指在一定的时空域中,控制矿床形成和保存的全部地质要素和成矿作用动力过程以及所形成的矿床系列、异常系列构成的整体,是具有成矿功能的一个自然系统(翟裕生等,1999a,1999b,2000a,2000b,2003)。对成矿系统进行研究,有利于推动对成矿规律的深入研究,而且,成矿系统是地球系统科学的一个有机组成部分,对于成矿系统的研究,有利于发挥矿床学对整个地球系统科学的功能。

成矿系统的研究可以推动对成矿规律的研究,全面指导对矿床的勘查和开发。由5个基本要素组成:成矿物质、成矿流体、成矿能量、成矿流体的输运通道、矿石堆积场地。成矿系统的作用产物为:矿床、矿点、矿致异常、矿化异常网络。此外成矿系统还重视对成矿后的变化和保存的研究。

成矿系统概念的建立,针对所研究区域的地质历史和地质矿化特征所提出的成矿系统概念模型,有助于对一个区域中一定地质时期的成矿事件和矿床时空分布等建立一个整体概念。有了这样一个全局概念,就可能对区内各种矿床、矿化异常、控矿因素等做出恰如其分的评价,从而可以提高成矿预测和找矿的成效。

成矿系统研究的主要目的是为了预测找矿和资源评价(翟裕生,2003)。关于如何运用该理论来进行找矿工作。翟裕生(2003)提出如下认识:①信息、经验、理论结合找矿;②区域找矿目标由单个矿床到矿床系列;③从矿区网络入手逐步缩小靶区;④全面研究矿床形成条件和保存条件。

四、"三联式"成矿预测

"三联式"成矿预测不同于地质建造控矿理论、成矿系列理论和成矿系统理论,它是一种定量预测的理论,是数字找矿的理论。自19世纪30年代莱伊尔提出"将今论古"的现实主义原则以来,"相似类比"一直是地质学研究所遵循的基本方法原理,在矿床学和矿产勘查领域表现为各种成矿模式和找矿模型的研究与应用。我们熟知"相似的成矿地质条件下可能有类似(相同)的矿床产出",由此而来的"同一成矿域(区、带)""相同构造背景""相同岩浆条件""相同沉积环境"以及"相似的控矿因素""相似的元素组合""曾经见到的成矿部位""已有的成矿系列"等,总之,一切可能的"共性"(相似)特征都可能成为"预测"(类比)的依据(赵鹏大等,2003)。模型找矿即是相似类比找矿的代表,但是相似类比理论在寻找新类型矿床和大型、超大型矿床时遇到了难题。建立在求异理论基础上的"三联式"成矿预测,不仅可以发现已知类型的矿床,而且还可以发现未知的新类型矿床。

"三联式"成矿预测以圈定各类地质异常为基础,地质异常是在结构、构造或成因序次上与周围环境具有明显差异的地质体或地质体组合。以识别、揭示、提取和圈定新型的、隐式的和深层次的成矿地质信息——各种类型和尺度的致矿地质异常及与其相匹配的物探、化探、遥感矿致异常为主要内容。"三联式"成矿预测以分析成矿多样性为目标,不仅以预测和发现已知矿床类型和矿产资源为目的,而且将可能利用的非传统矿产资源纳入分析内容。不同地区成矿多样性分析还是比较评价不同地区含矿丰度的重要指标,是确定主要勘查对象,进行综合勘查、综合评价和综合利用的主要依据。"三联式"成矿预测以研究区域矿床谱系为依据,把作为预测对象的矿床放到预测地区的地质成矿时空及成因演化系统中去考察,而不是孤立地、静止地、无序地预测各类矿产资源。矿床谱系是区域成矿有序性、成套性和规律性的反映,根据不同地区矿床产出的有序度、成套度可以评价研究区的资源潜力(赵鹏大,2002)。"三联式"成矿预测的模型见图 2-1。地质异常与成矿多样性、矿床谱系之间的关系是"过程"和"响应"关系或因与果的关系:地质异常(原因)—成矿多样性(响应,表现形式)—矿床谱系(响应,表现规律)。

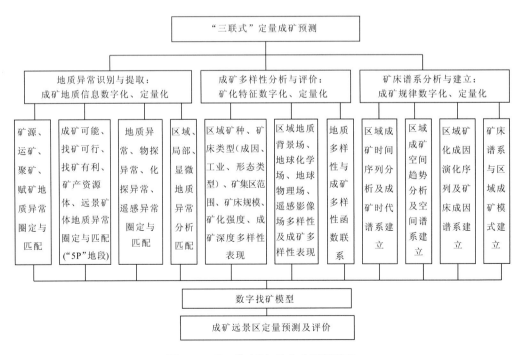

图 2-1 "三联式"定量成矿预测模型

(据赵鹏大,2002)

近些年,地理信息系统的发展促进了对地质异常、成矿多样性、成矿谱系的研究。如池顺都等(1997)对 GIS 支持下的地质异常分析和金属矿产经验预测的研究,应用 GIS 圈定找矿可行地段和有利地段的研究,曹瑜等(2003)对基于 GIS 的有利信息综合的研究以及圈定"5P"找矿地段的 GIS 成矿预测空间模型的研究等。

随着"三联式"成矿预测研究的不断深入,找矿信息由少到多,找矿范围由大到小,靶区级别由低到高,找矿成功概率逐步增大,勘探风险逐步降低,这就是"5P"靶区逐步逼近。"5P"靶区指:成矿可能地段(probable ore-forming area)、找矿可行地段(permissive ore-finding area)、找矿有利地段(preferable ore-finding area)、资源潜在地段(potential mineral resources area)、矿体远景地段(perspective orebodies area)。其中,前"3P"一般属中、小比例尺范畴,后"2P"是大比例尺预测的范畴。从"1P"到"5P"依次研究目标内涵增大,外延减小,预测对象(矿产种类及成因类型)渐趋明确。

五、综合信息矿产预测理论与方法

综合信息成矿预测是基于"相似类比"理论的一种定量预测的方法,是王世称教授领导的原长春科技大学综合信息矿产预测研究所经过多年的科研实践,于 20 世纪 80 年代中期提出来的一种矿产资源预测方法。在我国"七五"和"八五"期间,曾被地质矿产部作为一种标准的找矿方法在全国推广应用。他们认为,将传统的地质找矿方法与地球物理学、地球化学、遥感地质学等找矿方法有机结合起来,对各种找矿方法所获得的信息开展全方位的研究工作,以尽可能少地找矿投入取得最大的找矿效益,最大限度地利用以往找矿工作中所积累起来的材料,通过地质、地球物理、地球化学和遥感等信息的"二次开发"研究,总结矿产资源产出规律,建立综合信息找矿模型,圈定找矿靶区,是目前寻找和预测隐伏矿、盲矿或难识别矿的比较合理的途径之一。综合信息矿产预测方法体系是综合信息矿产预测理论体系在科研实践中的具体应用。目前已经形成了直接服务于区域找矿工作、矿区外围找矿工作和巨型矿床找矿工作等相配套的综合信息矿产预测方法。

依据预测比例尺的不同和精度要求不同,可分为小比例尺综合信息矿产预测(<1:50 万)、中比例尺综合信息矿产预测(1:10 万~1:50 万)、大比例尺综合信息矿产预测(1:1 万、1:5 万)。小比例尺和中比例尺预测主要是利用区域地质矿产资料、区域地球物理资料(主要是重力资料和航磁资料)、区域地球化学资料(不同比例尺的水系沉积物测量资料)、区域重砂测量资料和卫星遥感资料等。小比例尺预测的矿产资源体圈定通常以矿床密集区和异常密集区为基础。中比例尺的矿产预测还可以用到典型矿床的地质、地球物理、地球化学、遥感的资料。大比例尺综合信息矿产预测信息来源主要为详查、勘探和开采过程中积累起来的资料。主要围绕矿山及其外围开展研究工作,可以采用宏观与微观、区域与局部有机结合的研究方案。通过对异常的定量评价达到预测资源靶区的目的。

对成矿系列的综合信息矿产预测中,必须根据特定研究区的地质环境特征,即主要的构造-建造组合发育的特点,确定所要预测主要的矿床成矿系列,然后根据该地区矿化系列综合信息组合特征,确定出构成该地区主要成矿系列的主要预测矿种组合。开展区域地质、物化探、重砂和遥感等资料的综合解译。提取成矿系列的控矿信息标志,建立综合信息找矿模型,实施成矿系列矿产预测。

六、GIS在矿产预测中的应用

20世纪80年代后,GIS技术进入成矿预测领域,并产生了基于GIS的成矿预测方法。美国地质调查局启动了美国国土资源评价计划(CUSMAP),通过对栅格、矢量和表格数据的处理及相互间接口,在GIS内建立了应用模型和制图功能。加拿大地质调查局研制了基于栅格数据结构的GIS多源信息综合评价系统,约克大学成秋明的科研小组开发了GEODAS系统。澳大利亚地质调查局建立了用于矿产资源评价的GIS数据集。

国内GIS技术应用研究起步较晚,"八五"期间才将GIS列为地质矿产勘查关键技术。进入20世纪90年代后,基于GIS矿产资源预测研究得到了足够的重视。中国地质大学(武汉)胡光道教授领导的课题组在MapGIS软件平台上开发了金属矿产资源评价分析系统(MORPAS);中国地质矿产信息研究院与四川地质矿产勘查开发局合作在ARCINFO和ARCVIEW软件平台上开发了基于GIS的矿产资源区域评价方法(AMS-GIS);长春科技大学王世称教授领导的课题组在MapGIS软件平台上开发了综合信息矿产资源预测系统(KCYC);中国地质科学院肖克炎的课题组在MapGIS软件平台上开发了矿产资源评价系统(MRAS);中国地质调查局发展研究中心研制了多元地学空间数据管理与分析系统(GeoExpl)。这些软件不仅具有相应的预测模块,而且几乎包含了所有的数学地质计算方法与地质、物探、化探、遥感和自然重砂数据处理功能。

在基于GIS的矿产资源定量评价方面,我国的学者也进行了研究和实践。陈建平等(2005)利用MapGIS平台和ARCVIER中的证据权模块进行基于GIS技术的三江北段矿产资源的定量评价。曹瑜等(2003)研究了基于GIS的地质变量提取、隐含信息挖掘、成矿有利度分析、有利成矿信息的综合等,并在云南维西地区进行了靶区的圈定。池顺都等(1998)开展了应用GIS圈定找矿可行地段和有利地段的研究。池顺都等(1999)应用GIS研究了云南澜沧江流域的矿产资源潜力。目前,"全国矿产资源潜力评价"正在分省建立或维护各类数据库,全流程应用GIS技术开展大于1∶25万的矿产资源潜力评价工作。

第三节 木桐沟幅(1∶5万)成矿预测研究

一、成矿地质背景

木桐沟地区处于华北陆块南缘(图2-2),在中侏罗世—白垩纪成矿构造时段,位于中国东部大陆边缘叠加弧盆系(Ⅰ)、华北叠加弧盆系(Ⅱ)、秦岭北(侧)岩浆弧(Ⅲ)。

1. 地层

区域地层展布以北部潘河(马超营)断裂带、南部河口断裂带为界,北部(马超营断裂以北)分布华北地层区熊耳山小区地层(图2-3),由下至上依次出露:中元古界长城系熊耳群下段安山质火山岩,中元古界蓟县系高山河组细粒石英砂岩与薄层泥岩,中元古界蓟县系官道口群一套浅海潮坪燧石条带碳酸盐岩、潟湖碳质泥岩沉积,震旦系冰碛砾岩、浅海细碎屑沉积,寒武系浅海碳酸盐岩沉积。中部出露地层以官道口群为主体,上覆震旦系罗圈组,构造移置新元古代

图 2-2 工作区中侏罗世—白垩纪大地构造位置图

煤窑沟组、寒武纪变形岩片(图 2-4)。南部主要分布陶湾岩群(图 2-5),属新元古代或寒武纪,有归属华北陆块南缘或北秦岭的争议。沿断裂带拼贴煤窑沟组、寒武纪变形岩片。以上 3 个不同地层单位组合的地层出露区如图 2-6 所示。

2. 岩浆岩

区内岩浆岩出露面积甚小,零星出露印支期正长斑岩、燕山早期花岗闪长岩和燕山晚期钾长花岗岩体,以及辉长岩脉、云煌岩脉、闪长岩脉和石英脉。

3. 构造

三叠纪以来,研究区所处的华北陆块南缘相对于北秦岭褶皱带主要为左行运动的应力场,地质构造线主体表现为北西西向。区域褶皱构造发育,轴面平行北北东倾,倾角 70°左右。背、向斜核部出露地层一般分别为龙家园组、东坡组,褶皱往往为后期纵断层切割,沿马超营断裂带高山河组发育明显的牵引背形。北西西走向断裂构造尤其发育,为倾向北北东向的逆冲断层系,倾角 50°~70°。其次出露北西、北北东、北东和北东东向断裂构造。

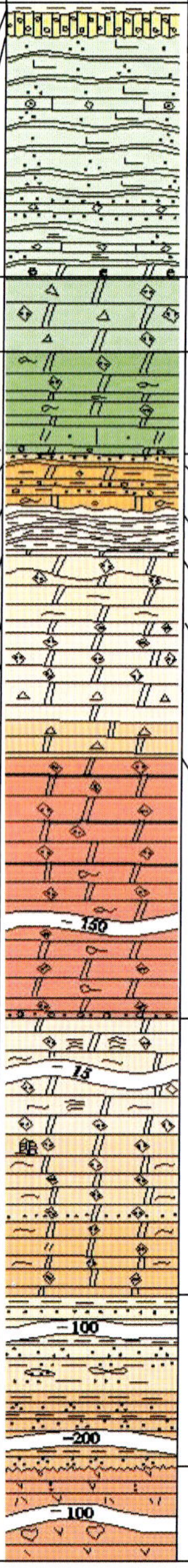

年代地层 界	年代地层 系	年代地层 统	岩石地层 群	岩石地层 组	岩石地层 段	代号	柱状图	厚度(m)	岩性描述
新生界	第四系	全新统				Qh^{al}		<10	河流砂土、亚砂土
新生界	第四系	更新统				Qp^2l		<50	离石黄土：土黄色黄土层、亚砂土。垂直节理发育，含钙质结核
古生界	寒武系	中统		馒头组		$\in_{1-2}m$		429	下部为灰白、灰黄色含生物碎屑细晶白云岩，中部为绢云石英板岩、灰绿色粉砂质板岩夹青灰色结晶灰岩，上部为灰绿色变钙质石英细砂岩类鲕粒结晶灰岩
古生界	寒武系	下统		朱砂硐组		$\in_1z$		157	灰白—淡粉红色角砾状微细晶白云岩
古生界	寒武系	下统		辛集组		$\in_1x$		190	底部为灰黑色含磷砾岩，细晶白云岩，产小壳化石，下部为灰白色砂质白云质灰岩；软舌螺：微 *Parakorilithes mammilatus*;腹足类：*Aurtculasptra adunca Heetpeipei*
									平行不整合
新元古界	震旦系			东坡组		Zd		22	灰色粉砂质(绢云)板岩
新元古界	震旦系			罗圈组		Zl		58	下部为灰黑色、紫红色含砾泥质粉砂岩，上部为灰色砾质白云质泥岩
									角度不整合
中元古界	蓟县系		官道口群	白术沟组		Pt_2b		90	底部为一层白云质灰岩，中上部为灰色、灰红色、灰黄色（斑点状）绢云板岩
中元古界	蓟县系		官道口群	冯家湾组		Pt_2f		117	下部为灰白色燧石条纹微晶白云岩，上部为灰—青灰色片理化细晶白云岩
中元古界	蓟县系		官道口群	杜关组	上段	Pt_2d^3		264	下段为内碎屑白云岩；中段为灰—青灰色细晶白云岩、叠层石白云岩、碎屑岩化硅质团块白云岩；上段为灰—灰黄色薄板状泥晶白云岩、页片状泥晶白云岩
中元古界	蓟县系		官道口群	杜关组	中段	Pt_2d^2			
中元古界	蓟县系		官道口群	杜关组	下段	Pt_2d^1			
									断层
中元古界	蓟县系		官道口群	巡检司组		Pt_2x		614	下部为灰白色中—厚层细晶白云岩与硅质条带或硅质薄层细晶白云岩互层，上部为暗灰—青灰色中厚层状细晶白云岩与含硅质层的细晶白云岩互层
中元古界	蓟县系		官道口群	龙家园组	上段	Pt_2l^3		645	下段：底部为灰白色厚层状砂质细晶白云岩，中上部为灰色硅质纹层细晶白云岩与厚层状细晶白云岩互层；中段：为青灰—暗灰色硅质条纹（带）细微晶白云岩与中厚层细微晶白云岩互层，下部含层状叠层石，中上部含假裸枝叠层石；上段：为灰白色纹层状细晶白云岩与中厚层细晶白云岩互层。富含波状叠层石
中元古界	蓟县系		官道口群	龙家园组	中段	Pt_2l^2			
中元古界	蓟县系		官道口群	龙家园组	下段	Pt_2l^1			
中元古界	蓟县系			高山河组	上段	Pt_2g^3		711	下段为细粒石英砂岩夹薄层泥岩；中段为中厚层状细粒石英砂岩夹泥岩、泥质粉砂岩；上段为薄—中厚层状石英砂岩与泥岩交互层
中元古界	蓟县系			高山河组	中段	Pt_2g^2			
中元古界	蓟县系			高山河组	下段	Pt_2g^1			
									角度不整合
中元古界	长城系		熊耳群	鸡蛋坪组	下段	Pt_2j^1		250	安山岩、杏仁状安山岩，局部夹少量英安岩、安山质凝灰岩

图 2-3　华北地层区熊耳山小区综合地层柱状剖面图

时代	构造-岩石地层			代号	柱状图	岩石组合特征	变形特征
古生代	寒武纪	下楼村组		$\epsilon_{1-2}h\text{-}xl$		底部灰白色薄层透镜状细晶白云岩，向上灰白—灰绿色绢云绿泥千枚岩含碳质千枚岩，绢云板岩夹有透镜状白云岩、石英砂岩透镜体。白云岩透镜体中含小壳化石	岩层强烈变形，以尖棱形褶皱为多，局部糜棱岩化，可见S-C组构，旋转碎斑，其间的白云岩层受强烈挤压均透镜体化
		韩村组					
					——断层或韧性剪切带——		
新元古代	震旦纪	罗圈组		Zl		糜棱岩化碳酸盐砾岩，钙质砾岩	砾石拉长变形，形成旋转碎斑、胶结物产生复杂的褶皱拉伸线理，S-C组构随处可见
					——断层——		
		煤窑沟组上段		Pt_3m^3		白云岩夹碳质层，碳质千枚岩，卷入构造带内可见糜棱岩化	
					——未见接触——		
中元古代		白术沟组		Pt_2b		碳硅质板岩或绢云板岩	发育尖棱形褶皱，局部褶劈理发育，透入性差

图2-4 华北陆块南缘构造地层单位柱状剖面图

时代	构造-岩石地层			代号	柱状图	岩石组合特征	变形特征
	(岩)群	(岩)组	(岩)段				
新元古代	陶湾岩群	秋木沟岩组		Pt_3q	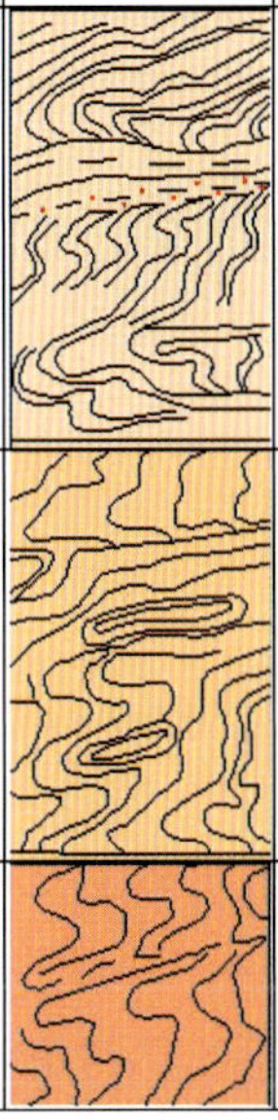	条带状石英大理岩、片状石英大理岩、糜棱岩化片状石英大理岩	岩层发生顺层剪切作用及韧性剪切变形，常形成不对称褶皱或塑性流变褶皱，常见S-C组构，局部有弱变形的石英大理岩夹块
					——韧性剪切带——		
		凤脉庙岩组	上岩段	Pt_3f^2		钙质绿泥绢云石英片岩、绢云构造片岩夹片状石英大理岩透镜体	强热构造变形发育复杂的揉皱，多见韧性剪切变形，面理置换现象明显，形成透入性面理。构造倒向南、北倾形成紧闭-同斜-平卧褶皱
					——韧性剪切带——		
			下岩段	Pt_3f^1		含磁铁绢云绿泥片岩、构造片岩	

图2-5 陶湾岩群柱状剖面图

二、区域地球物理场

河南省针对内生金属矿产仅个别地区开展过1:5万重力测量工作,有关重力场分析只有1:20万数据。在1:20万重力布格异常图上(图2-7),夜长坪钨钼矿区处于重力低,并在北西、北东向重力梯度带的交汇部位。

从航磁ΔT化极异常图上可以看出,区域航磁场对应地质单元有明显的4个分区(图2-8)。马超营断裂带以北为高磁区和高磁异常区,可能是熊耳群火山岩埋藏较浅,并且是马超营断裂带深部可能存在的闪长岩墙(体)的综合反映,其中北东角高磁跳跃场对应熊耳群安山质火山岩的出露。中东部夜长坪高磁异常区,为北西西走向高磁异常带的西端,对应轴迹北西西走向背斜的倾伏端,核部出露地层龙家园组,产生高磁异常的原因可能有3个:一是背斜轴部熊耳群磁性火山岩埋藏较浅;二是区域上沿该磁异常带有隐伏花岗闪长岩分布(如八宝山铁矿);三是隐伏花岗斑岩外侧矽卡岩及其断裂系统中磁黄铁矿引起。中西部预查区所在的低(负)磁异常区对应官道口群上部沉积岩分布区,无磁沉积岩的褶皱加厚可能是产生负磁异常的原因。南部陶湾群所对应的高磁带,经踏勘发现存在含磁铁矿地层。

图2-9为1:5万木桐沟幅地面高精度磁测ΔT化极异常图,与航磁效果相当,而高磁异常反映了磁场变化的细节。

三、区域地球化学场

1:5万水系沉积物地球化学信息的强度与精度较1:20万比例尺大为增强,"官道口地区1:5万战略性矿产资源调查"分析了As、Sb、Au、Ag、Pb、Zn、Cd、Cu、Co、Mn、W、Sn、Mo、Bi共14种元素,其中Sb、Au、Ag、Pb、Zn、Cd、Cu、Mn、W、Mo、Bi共11种元素对斑岩型钼多金属矿指示较好。如图2-10所示,各元素异常呈北西、北东走向网络状展布,网结点对应有夜长坪钨钼矿床,呈现从高温向低温元素的分带。

四、遥感影像特征

ASTER多光谱遥感影像发育北西西、北西、北东和近南北走向线形构造,在夜长坪矿区分布有隐晦的环形影像。对应4组线形构造,铁染和羟基异常不同程度的发育。

五、典型矿床特征

研究区内已知矿床仅有夜长坪钼钨矿,为20世纪70年代铁矿会战时发现的大型斑岩-矽卡岩型矿床。

1. 矿区地质概况

矿区处于潘河-马超营断裂带的南侧,地质构造格架表现为轴迹北西西向褶皱及走向、倾向脆性断层交织的断块构造(图2-11)。

出露地层为北西西向展布的中元古界官道口群龙家园组和巡检司组,岩性为薄层层纹状白云岩、中厚层状白云岩夹燧石条纹白云岩、燧石条带白云岩。北部以龙家园组为核部的夜长坪背斜与南部以巡检司组为核部的鸡笼山向斜构成舒缓波状的褶皱,褶皱轴面北倾,倾角75°左右;背、向斜分别向东倾伏、扬起,发育与主要褶皱轴大致平行的次级褶曲。发育7条近东西

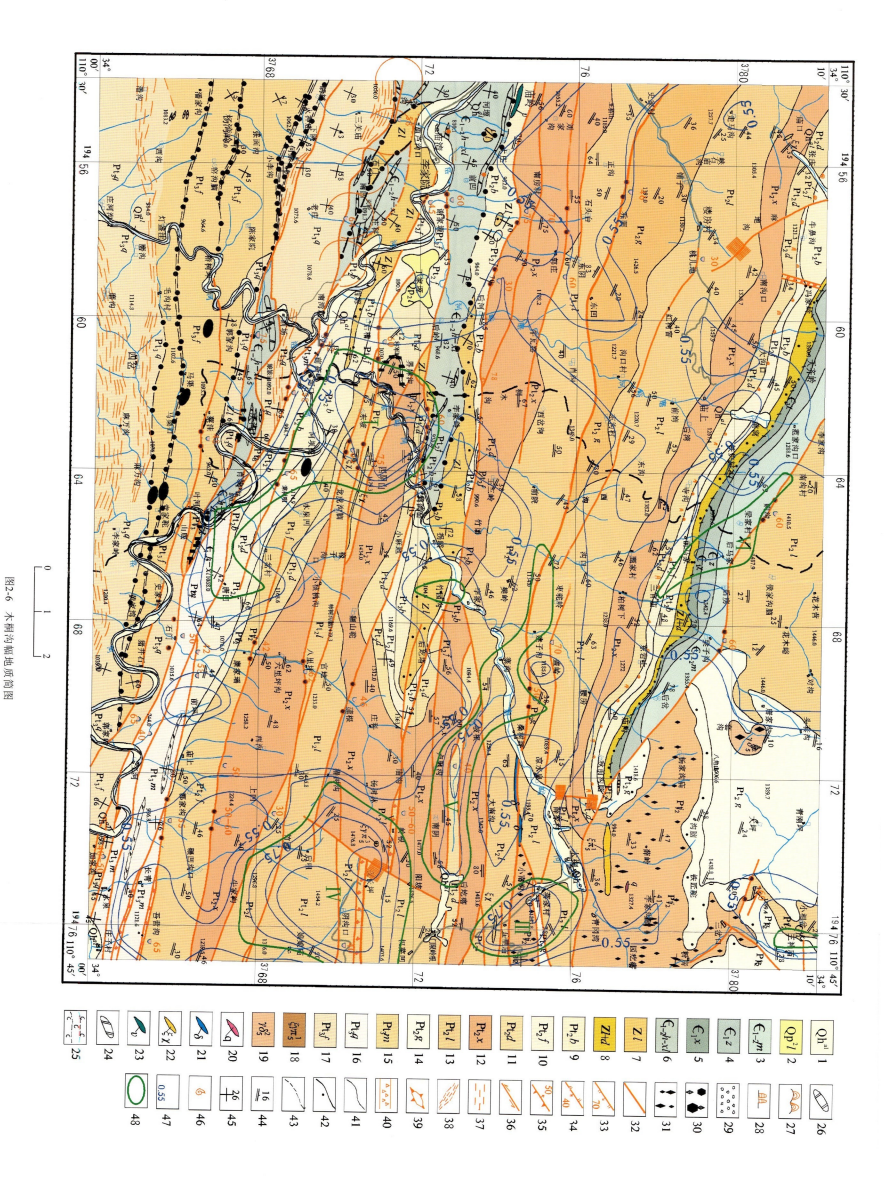

图2-6 木桐沟幅地质简图

向舒缓波状延伸的断层,间距600~1000m,走向70°~100°,倾向北,局部反倾,倾角一般80°左右,向深部近直立;断裂长度1~3km,宽度0.5~10m,一般1.5m左右;构造岩石由圆化角砾、挤压透镜体及片理化带组成,见有片理化正长岩或棱角状无定向排列的构造角砾,铁锰碳酸盐化蚀变比较普遍;表现为以早期逆断层形迹为主、晚期正断层改造的特点。3条北西—北西西向断裂,延伸大于1km,宽2~16m不等;倾向北东,倾角陡立;发育片理化带和挤压透镜体,属左行平移逆断层。北北东向断裂带最为发育,个别地段走向近南北,共有11条断层,走向

图2-7 1∶5万木桐沟幅(河南省内)
重力布格异常图

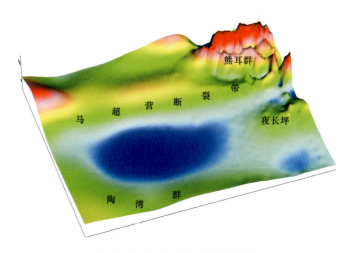

图2-8 1∶5万木桐沟幅航磁
ΔT化极异常图

20°～30°，倾向北西，倾角50°～70°；发育有宽1～5m的构造角砾岩带，常见摩擦镜面及擦痕，局部有煌斑岩脉充填；构造角砾长轴与断面的锐夹角及断面擦痕指示略具左行平移的正断层属性，断层发育部位可能继承了与早期近东西向断层垂直配套的张裂面。岩浆岩不发育，主要有燕山早期碱性脉岩（169Ma，Rb-Sr）和晚期夜长坪隐伏钾长花岗斑岩体（肖中军，2007），隐伏岩体呈锥状岩枝侵位于官道口群龙家园组地层中，SiO_2含量为73.05%～76.42%，K_2O+Na_2O为含量8.17%～10.16%，K_2O/Na_2O为2.76～3.42，具有高硅、富碱、钾/钠比值大的特点。在近东西向断裂中有3处花岗斑岩脉露头，北北东向断裂中见有煌斑岩脉。

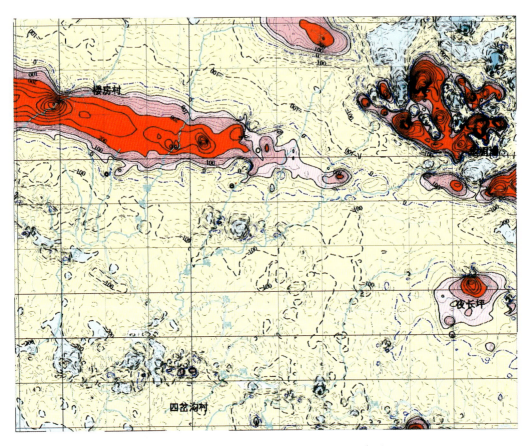

图2-9　1∶5万木桐沟幅高磁ΔT化极异常图

2. 矿床地质特征

矿体产于隐伏钾长花岗斑岩体与龙家园组白云岩的内外接触带上，形成顶面圆滑、中下部不规则状的穹状钼钨矿体（图2-12）。矿体由中心倾向四周，中部倾角缓倾为5°～15°，边部倾角40°～50°。矿体分布范围：东西长800m，南北宽500m，距地表最小埋深70m，深部未完全控制。主要由上部和下部两个矿体组成，两者之间由无矿带或矿化体分开。上部矿体厚150～230m，下部矿体厚180～230m。

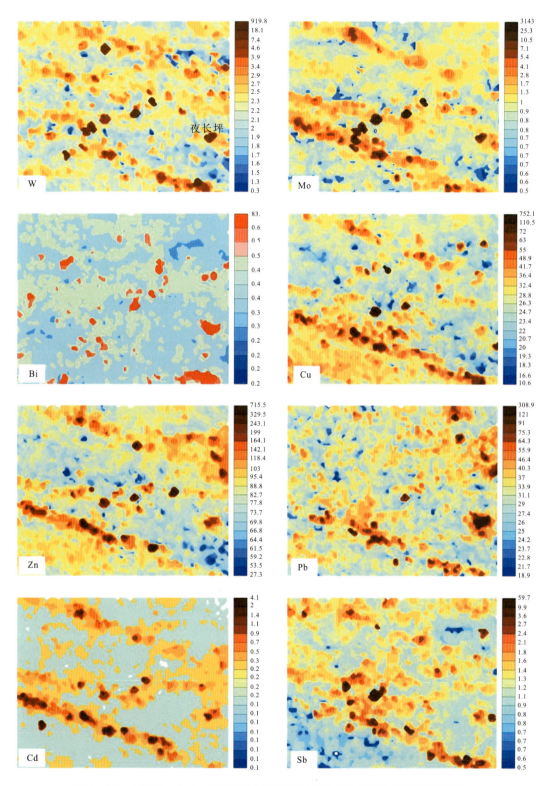

图 2-10 木桐沟一带 1∶5 万水系沉积物测量分形迭代地球化学异常剖析图

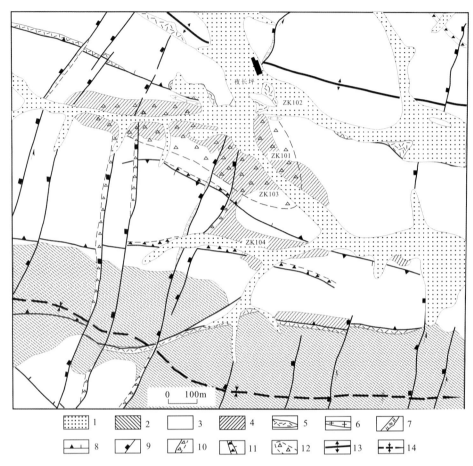

图 2-11 夜长坪地质构造简图
（据胡元第等，1981）

1. 第四系残积冲积物；2. 巡检司组；3. 龙家园组；4. 铁锰碳酸盐化；5. 正长岩脉；6. 花岗斑岩脉；7. 煌斑岩脉；
8. 压性断裂，晚期叠加张性；9. 压性断裂（带箭头者兼具扭性）；10. 挤压碎裂岩带；11. 张性断裂及角砾岩带；
12. 破碎角砾岩分布范围；13. 复式背斜轴；14. 复式向斜轴

矿石自然类型主要为矽卡岩型矿石，次为花岗斑岩型矿石及黑云正长片岩型矿石。矿石呈浸染状、细脉状和条带状构造，半自形—他形粒状结构，硫化物粒径 0.3~1mm。主要金属矿物为辉钼矿、白钨矿、磁铁矿，次为黄铁矿、黄铜矿、闪锌矿、钼钙矿等；脉石矿物主要为石英、透辉石、透闪石、白云石，次为蛇纹石、方解石、钾长石、黑云母等。氧化带有褐铁矿、钼华、钼铅矿等次生矿物。矿区钼品位 0.03%~1.36%，平均 0.133%，钨品位一般 0.07%~0.98%，平均 0.102%，伴生有低品位磁铁矿。

围岩蚀变主要有铁锰碳酸盐化、碳酸盐化、硅化、高岭石化、钾长石化和绢云母化等。其中硅化、高岭石化、钾长石化、绢云母化见于花岗斑岩内部。碳酸盐化和铁锰碳酸盐化发育于龙家园组白云岩中。地表褐铁矿化和锰矿化，可形成铁帽和锰帽，见有方铅矿或孔雀石零星分布。

3. 矿区地球物理特征

1：5000 地磁测量，对应矿体或隐伏岩体上方，中心为 1.3km×1.2km 的等轴状正磁异常,强度 0~1100γ,周围负磁场。

矿区及外围存在 4 个激电异常,ηs 背景值 0.5%,异常值 3%以上。其中 GY4 异常与已知矿体对应,东与 GY4 相邻的 GY2 异常,经激电测深在深 100~300m 范围内存在高极化率异常,推测为矿致异常(肖中军,2007)。

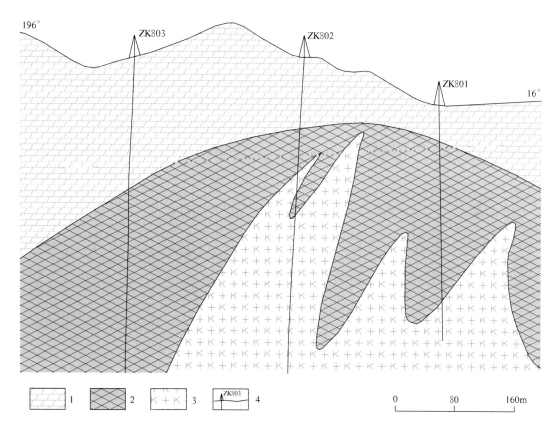

图 2-12 夜长坪矿区剖面示意图
1. 白云石大理岩;2. 钼钨矿体;3. 花岗斑岩;4. 钻孔

4. 矿区地球化学特征

1:5000 岩石地球化学测量,Pb、Zn、Ag 异常面积较大,Cu 异常次之,Mn、Mo 异常分散(图 2-13)。各元素异常均有若干浓集中心,均有近东西和北东两个展布方向。对应隐伏岩体中心位置向外的元素水平分带序列为 Mo-Cu-Zn-Pb-Ag-Mn(张本仁等,1987)。

六、基于地质异常理论的综合信息成矿预测

在木桐沟地区,已经进行过的基础工作主要有 1:5 万地质填图、1:5 万高精度磁法、1:5 万水系沉积物(14 种元素)等。由于已知矿床点较少,在应用"相似类比"进行成矿预测时遇到了困难。下面以"求异"理论做指导,采用地、物、化、遥多元信息进行大比例尺的成矿预测。

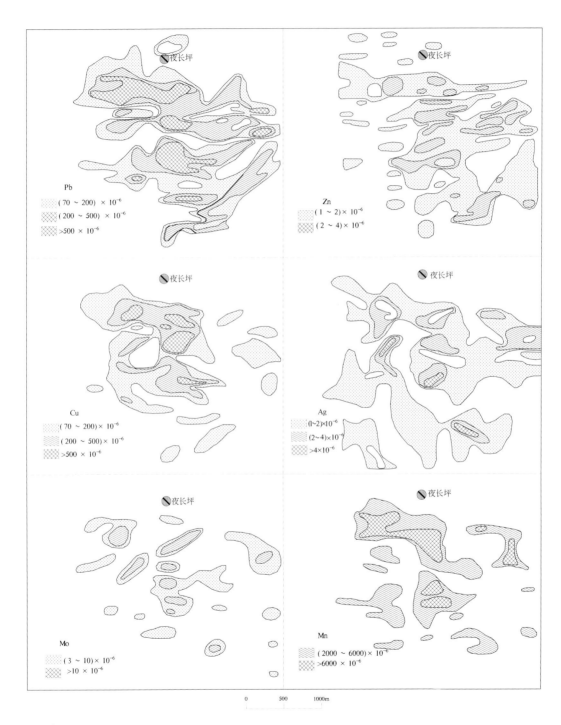

图 2-13 夜长坪矿区岩石地球化学异常剖析图
（据胡元第等，1981）

(一) 地质异常分析

地质信息是矿产资源预测中重要的信息,各种地质控矿要素的分析提取,有赖于在成矿预测理论的指导下,利用高效的空间分析与处理手段提取出有利的找矿标志,再结合地、物、化、遥信息综合圈定出有利的找矿部位。

地质异常理论是赵鹏大院士20世纪90年代提出的一项找矿理论。"地质异常"是在物质组成、结构构造或成因序次上与周围环境有显著差异的地质体或地质体组合(赵鹏大等,1991),一些学者早已指出过矿床产出的部位,尤其是大型、超大型矿床产出的部位与周围无矿或少矿的地质环境有显著差异的事实。苏联学者布加耶茨等(1973)提出:最重要的矿床赋存于地壳中具有最大异常地质结构性质组合的地段,因此,对象的异常组合应该是最有远景的。加利列夫(1982)则认为"工业矿床与相邻地区相比具有特殊和异常的地质特征"。但是,过去人们还是习惯于从研究和分析成矿规律入手去寻求发现矿床的途径,而没有从定量的角度去论及致矿地质异常。

地质异常的定量提取,包括地层、构造、岩浆岩等单项地质异常,综合地质异常,标志组合熵、复杂度异常等显式或隐式的地质异常,并分析各类地质异常及其含矿性评价。

1. 中元古界碎屑岩-碳酸盐岩建造

豫西钼多金属成矿带的赋矿地层为中元古界官道口群、新元古界栾川群,其主要岩性组成为碎屑岩(砂岩、板岩等)和碳酸盐岩(白云岩、大理岩)。斑岩-矽卡岩型钼钨矿最有利的围岩为碳酸盐岩,如赤土店铅锌银矿床的赋矿围岩为栾川群三川组白云岩,而夜长坪钼钨矿的赋矿围岩为官道口群龙家园组白云岩。官道口群成矿元素的地球化学丰度特征多呈正常、富集分布,以龙家园组、巡检司组元素富集程度最高。杜关组、冯家湾组地层中各成矿元素显示出弱的富集。本区中元古界官道口群地层中龙家园组、巡检司组、冯家湾组、杜关组地层是本区找矿的重要层位和标志。

2. 控矿构造

豫西地区构造复杂,与成矿有关的构造主要有近东西向构造、北东向或北北东向构造。这两组构造的交汇部位常常控制了岩浆岩体的侵入和内生金属成矿。本区的岩浆活动亦受北东向和近东西向两组断裂的控制,东部的夜长坪钨钼矿就处于夜长坪-银家沟北东向构造岩浆带内,且北北东向构造具有明显的构造等距律特征。马超营断裂带与南部的河口断裂带为区域性深大断裂,其构造活动为矿液的运移提供了动力和通道。大断裂与其他方向断裂的交汇处,或主断裂的分支断裂,常常是热液成矿的有利位置,有重要的控岩控矿意义(图2-14)。

3. 燕山晚期花岗斑岩岩体

包括研究区在内的豫西钼钨矿床无一例外地受燕山晚期花岗斑岩或斑状花岗岩的控制,往往地表出露的一些小岩体、岩墙在深部有汇聚的趋势,预示深部有大的隐伏花岗岩体产出。在进行成矿预测时,需要根据地质、地球物理(重力、磁法)、地球化学和遥感信息,对隐伏岩体的分布范围进行推断解译。

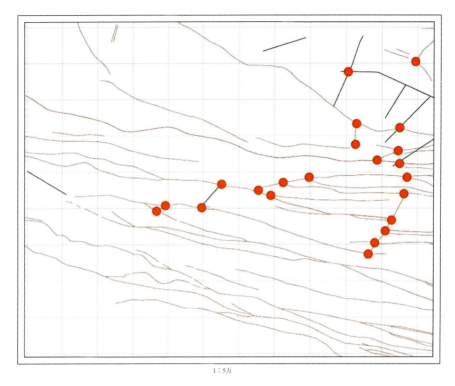

图 2-14 木桐沟地区断裂构造示意图（含高磁解译断裂，断裂交汇处圆点所示）

4. 地球物理信息

研究区大量发育的碳酸盐岩-碎屑岩建造磁性很弱或无磁性，在航磁等值线图或高精度磁法等值线图上，常表现出无磁性或负磁场。而侵入中、新元古代的花岗斑岩体，在与围岩进行交代蚀变时，常形成带有磁铁矿、磁黄铁矿的磁性外壳，形成较强磁性体。

将高磁异常向上延拓 2km，明显压制了浅部熊耳群火山岩对应的跳跃磁场，根据高磁垂向二阶导数零值线可推断深部岩体分布范围，间接指示其上部可能有小岩体的分布。如图 2-15 所示，北部花木峪地区、马超营断裂带两侧，中部马渠沟附近与南部郭家岭附近可能有隐伏花岗质岩体产出。

5. 地球化学信息

研究区1：5万的水系沉积物测量测试元素有As、Sb、Au、Ag、Pb、Zn、Cd、Cu、Co、Mn、W、Sn、Mo、Bi 共14种元素，其中与斑岩-矽卡岩型钼钨矿床有直接指示作用的元素有Sb、Au、Ag、Pb、Zn、Cd、Cu、Mn、W、Mo、Bi 共11种元素。

基于预测对象为隐伏矿产，有必要采取一些地球化学数据处理方法来增强异常信息。目前增强弱异常的方法主要有子区中位数衬值滤波（史长义等，1999）、衬度异常法、归一化法（刘大文，2004）、多重分形滤波技术（陈永清等，2006）、方位-分维估值法（陈建国等，1998）、小波分析方法（陈建国，1999）、分形插值和分形趋势面法（韩东昱等，2004）等。经多种方法数据处理对比，分形趋势面法在研究区有很好的应用效果。步骤如下：

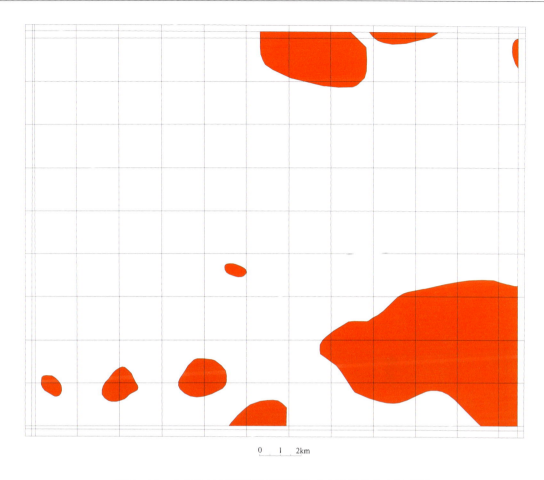

图 2-15　木桐沟地区高磁推测深部隐伏花岗岩体分布示意图

(1)将原始离散数据利用最近点无空值插值方法进行插值获得网格化数据。

(2)利用改进的三角棱柱法计算网格化数据,形成空间曲面的分维值 D,D 值范围在 $2\sim3$ 之间。对于大多数地球化学变量,D 值范围在 $2\sim2.5$ 之间。

(3)重新对原始离散数据利用公式 $V=[Va+\min\times(3-D)+\max\times(2-D)]/2$ 计算插值点的数值。其中 V 代表插值点数值;Va 代表在数据搜索范围内数据的平均值;$\max$、$\min$ 为数据搜索范围内的最大值和最小值;D 为步骤(2)中的分维值。

分形趋势面法可较好地刻画地球化学变量的空间背景变化规律,其趋势面剩余值则可更合理地反映空间异常信息的分布特征,具有发现和强化弱异常信息的双重功效。使用 GEO-EXPL 数据处理分析模块中的二维分形处理,对木桐沟地区 1∶5 万水系沉积物 14 种元素进行了二维分形趋势面插值并求其剩余值,所得各元素异常呈北西、北东走向网络状展布,网结点对应有夜长坪钼钨矿床,元素异常呈现从高温向低温元素的分带。

对研究区 1∶5 万水系沉积物 14 个元素的数据进行 R 型聚类分析(图 2-16),从中可以看出 Mo、W 两种元素之间距离最小,是关系最密切的。在欧式距离为 17 时,可以分为 Mo-W-Sn,Cd-Zn-Ag-Pb-Cu,Co-Mn,Au-Bi-Sd-As 四组,在一定程度上反映了从高温元素向中低温元素逐渐过渡的元素分带现象,反映了热液型矿床的元素组合特征。因此,可以将 Mo、W、Sn 三个元素组合成一个综合异常,形成一张综合异常图(图 2-17)。

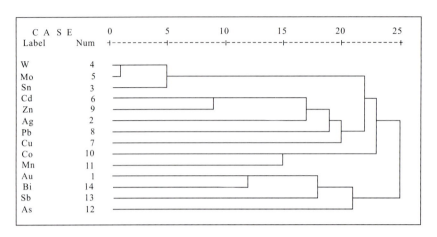

图 2-16　木桐沟地球化学元素 R 型聚类分析图

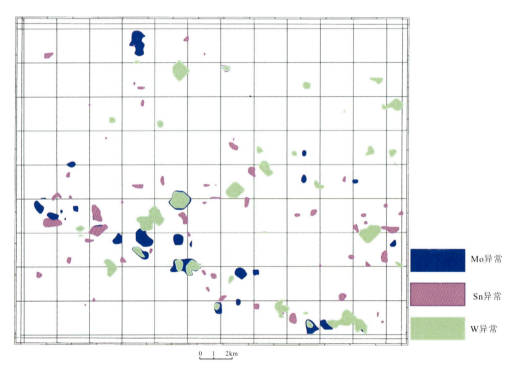

图 2-17　木桐沟地区分形趋势面 Mo-Sn-W 综合异常示意图

6. 遥感信息提取

采取掩模+主成分分析+色彩融合+滤波+门限值组合方法提取羟基蚀变和铁染蚀变,羟基蚀变和铁染蚀变的套合区是成矿有利的遥感异常。

(二)成矿预测

地质、地球物理、地球化学、遥感等信息都是成矿地质特征及成矿作用不同侧面的反映，GIS 为各种信息的综合提供了有效的工具。笔者最初使用了证据权法，由于预测变量的非独立性和样本太少，得出了有悖该区成矿规律的结果。

对于已知矿床点少的地区，一些学者提出了无模型预测的方法。如"求同"理论指导下的无模型预测（何正伟，1998）、求异理论与无模型预测（朱章森等，1991，1992）、专家证据权重法（丁清峰等，2005）、借用模型法（白万成等，2008）等。郑玉清等（2005）在滇东地区进行铂、钯预测时，将铂、钯地球化学异常与其他地质标志相结合，计算成矿有利信息量和单元信息总量，建立了无模型指导下的定量成矿预测的方法。

地质异常成矿预测方法弥补了基于相似类比理论的"模型"不足，查明地质异常是成矿预测的基础（赵鹏大等，1996）。矿产资源体仅占地壳物质的很少部分，因此它们可被视为由一种或多种地质、地球化学及地球物理异常表征的地质异常现象（陈永清等，2001）。不同尺度的地质异常对应不同的矿产资源域，在地质异常致矿新思路的指导下，运用多学科信息，以非线性科学和高新信息处理技术为手段，以研究圈定不同尺度、不同类型的地质异常为基本途径，逐渐逼近工业矿体，即是地质异常矿体定位预测（赵鹏大等，1998）。其工作方法主要分为两步：第一步是建立地质异常概念模型；第二步是据其概念模型构造资源预测变量，通过对变量的赋值、优化等程序，最终建立数字找矿模型，进行成矿预测（赵鹏大等，1999；陈永清等，1999；夏庆霖等，2001）。

1. 木桐沟地区地质异常概念模型

研究区位于区域性的地质异常——华北板块南缘和北秦岭构造带的结合部位，秦岭造山带的持续活动是区域性的地质异常事件。燕山晚期钾长花岗斑岩岩浆侵入中元古界碎屑岩-碳酸盐岩建造地层中，岩浆的侵入受北东向断裂与近东西向断裂的联合控制。本区矿产资源体的产出受侵入岩岩体、含碳酸盐岩地层建造、北东向构造和近东西向构造等地质异常的控制。这些地质异常能通过遥感异常、地球物理、地球化学异常等显示出来。综上所述，本区内生金属矿床的地质异常模型应为：①隐伏岩体；②北东向构造、近东西向构造；③中元古界碳酸盐岩地层建造；④地球化学异常；⑤遥感地质异常。

2. 矿产资源体潜在地段的圈定

根据研究区地质异常概念模型，选择碳酸盐岩地层（X_1），北东向断裂（X_2），近东西向断裂（X_3），断裂交叉点（X_4），隐伏岩体（X_5），遥感羟基蚀变异常（X_6），遥感铁染蚀变异常（X_7），Mo、W、Sn 元素综合异常（X_8），Pb 元素异常（X_9），Zn 元素异常（X_{10}）构成定量圈定致矿地质异常单元的变量。将研究区划分成 1km×1km 的 456 个网格单元。对变量进行二值化处理，0 表示该变量在单元内不存在，1 表示变量在单元内存在。对于连续的定量变量，如地球化学元素异常，当网格内异常值大于异常下限值，定义为 1，否则为 0。运用特征分析平方和法确定的成矿有利度方程为：

$$F = 0.190\,412 X_1 + 0.027\,537 X_2 + 0.095\,527 X_3 + 0.037\,814 X_4 + \\ 0.092\,035 X_5 + 0.184\,615 X_6 + 0.159\,614 X_7 + 0.107\,586 X_8 + \\ 0.034\,905 X_9 + 0.069\,955 X_{10}$$

分别将每个单元中的变量值带入成矿有利度方程,得出每个单元的成矿有利度。将样品按 0.1 间隔划分为 9 个数据组,分别计算每组数据的频率及累积频率,绘制累积频率分布图(图 2-18)。

根据累积频率分布曲线斜率的变化,以 0.7 为临界值,共圈定各种规模的致矿地质异常单元 9 处:马渠沟(Ⅰ)、石门沟(Ⅱ)、蒋家村(Ⅲ)、夜长坪(Ⅳ)、枣驼岭-后疙瘩(Ⅴ)、三官庙(Ⅵ)、前坪(Ⅶ)、三神庙(Ⅷ)、吾营沟(Ⅸ),其中异常单元Ⅳ包含本区已知矿床夜长坪钨钼矿(图 2-19)。

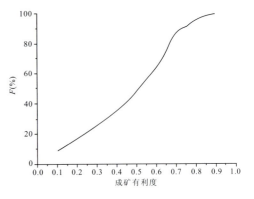

图 2-18 成矿有利度累积频率分布图

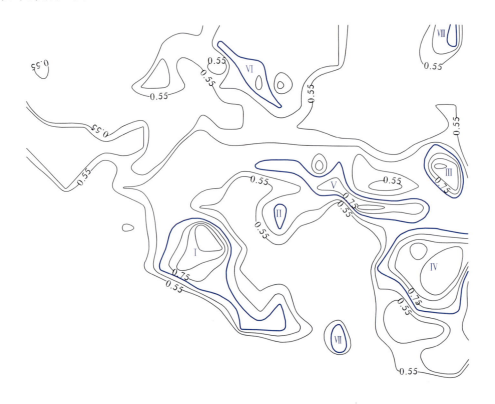

图 2-19 木桐沟地区找矿有利地段

七、基于矿床模型的综合信息成矿预测

(一)综合信息矿床模型

1. 矿床模型的概念

矿床模型是对矿床所处三维地质环境的描述,赵鹏大(1994)认为矿床模型可以包括以下 5 类模型:①矿床地质概念模型;②矿床成矿因素统计模型;③矿床成因随机模型;④矿床空间

分布统计模型;⑤矿床值概率分布模型。

不同应用条件下的矿床模型有不同的诠释。在此要运用的是矿床地质概念模型,是基于已知矿床或成矿模式的实体地质模型,从地质、地球物理、地球化学场和遥感影像等综合信息中提炼与描述的"实体性"模型,即以各种综合信息、数学地质原理与方法拟合出矿床的空间结构。

2. 确定预测区矿床模型

不同类型的矿床有不同的矿床模型,必须以区域成矿分析和区域成矿规律的认识为基础,确定预测区可能存在的预测对象的种类与数量,逐个确定需要建立的矿床模型。

研究区处于陆内造山岩浆弧,已知矿床仅有夜长坪斑岩-矽卡岩型钼钨矿。区内地表出露矿化以沿北西西向断裂带普遍分布的褐铁矿铁帽为特征,尤其发育于能干性最差的不同时代的黑色板岩中,或其底板断裂中。推断原生矿化为硫铁矿,含锌、钼等多种组分,在河口和石门沟两地尚分别见强的铜蓝、孔雀石化。原生矿形成之后不断经受沿构造面的伸展活动,因而多呈疏松土状,具有非常大的氧化深度。总之,硫铁矿化-铁帽可能与岩浆活动有关,仍属于斑岩-矽卡岩型矿化成矿系统。结合区域地球化学场和区域矿产分布规律,目前所能确定木桐沟幅可能存在的矿床类型只有隐伏斑岩-矽卡岩型钼钨矿。

3. 建立矿床模型

1)地质模型

地质模型是矿床地质概念模型的原形,即矿床实体地质结构、构造的一般化或模式化,一般从理论模型(成矿模式)和具体矿床地质特征中抽象归纳。斑岩型矿床有着不同地质构造环境下成熟的各种模型,木桐沟地区斑岩-矽卡岩型钼钨矿的地质模型是简单明了的,即中心隐伏花岗质岩体,岩体内接触带细脉浸染状钼钨矿,外接触带矽卡岩型钨钼矿,周围裂隙中的铅锌矿化,与岩体沟通的断裂中的硫锌矿化(图2-20)。

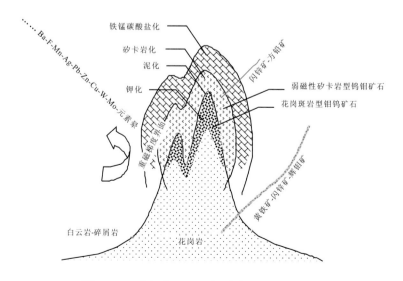

图 2-20 木桐沟地区斑岩-矽卡岩型钼钨矿地质模型

2)地质概念模型

所谓矿床地质概念模型的实体性,指不仅要求概念模型要有对应某种矿床地质模型结构的实体意义,而且一般是有图形结构的。地质概念模型的构建是在 GIS 环境下实现的,因此地质概念模型是由各种图层组成的。这些表达矿床地质模型结构的图层是综合信息成矿预测的基础,因而也称之为预测要素。如何以各类数据描述矿床的空间结构,必须以地质各学科理论作指导,广泛采用各种信息处理技术,才能实现模型要素的精细分析。

(1)隐伏花岗岩体是斑岩-矽卡岩型钼钨矿床的主体和成矿的根本因素,包括研究区在内的豫西南、豫南地区的斑岩型钼(钨)矿床,赋矿岩石大多不是严格定义的花岗斑岩,岩石的"基质"主要是显晶质的,往往是不等粒、似斑状或细粒的花岗岩,这种赋矿岩体普遍与更粗粒的花岗岩共生,属于岩浆晚期补充侵入体。定位了花岗岩体,就有可能接近了斑岩型矿床。

首先想到的是,从地质图空间数据库中去捕捉隐伏花岗岩体信息,如与岩体相关的脉体、蚀变(分)带或断裂交叉部位的间接指示。然而,所能利用的地质图达不到蚀变填图的程度,断裂也部分被覆盖;况且,预测对象是隐伏的,很难从现有地质图预测定位隐伏岩体。

遥感铁染、羟基异常与环状构造组合是预测隐伏岩体的标志,同样是岩体有一定隐伏深度及植被的原因,本次工作基于 ASTER、ETM 的遥感解释可推断个别部位有存在隐伏岩体的可能,但不具备预测隐伏岩体的普遍效果。

一些岩浆射气元素(岩浆中挥发组分):B、F、P、S、Cl、Br,脉石造岩元素:Li、Cs、Be、Ba、Al、Si,以及某些稀有、稀土和放射性元素对岩浆岩有指示作用,但目前的 1:5 万地球化学测量很少去分析它们。

通过对重力、磁法数据的多种方法处理,我们发现重、磁梯度模对隐伏岩体有很好的拟合作用。重、磁梯度模值可分为水平梯度模和总梯度模,为重力或磁场强度值分别沿水平方向(X、Y)及三度方向(X、Y、Z)一阶导数平方和的开方。梯度模异常较单一方向导数异常完整表达了密度或磁性地质体边界或构造方向的变化,能够直观、有效地刻画地质体(隐伏岩体)和构造(某一方向排列的梯度模异常轴线往往指示断裂构造)的水平位置。因为只有 1:20 万重力数据,通过小网格化数据利用,取得了趋势分析的效果。

(2)元素晕与成矿有关的一套元素地球化学异常组合及其空间关系是本矿床模型最为重要的组成部分,可直接以相关地球化学图来获取。识别弱异常对于指示隐伏矿床是非常重要的,有非常之多的数据处理方法,试验表明在研究区分形迭代地球化学异常对识别弱异常有很好的效果(图 2-10)。

(3)矿床围岩本区斑岩-矽卡岩型钼钨矿床对围岩的要求不高,虽然当围岩是碳酸盐岩时有利于矽卡岩和白钨矿的形成,而研究区碳酸盐岩的分布是普遍的。另一方面,当围岩是硅铝质岩石时则有利于形成黑钨矿,栾川一带很多钼钨矿床的围岩就不是碳酸盐岩,因此不将围岩种类作为预测要素。

以上分析表明,重、磁梯度模与分形迭代地球化学异常对木桐沟地区斑岩-矽卡岩型钼钨矿床的地质模型有很好的拟合作用,两者相辅相成,同时存在时才指示岩体的含矿性。需要说明的是,重、磁梯度模与分形迭代地球化学异常尚包含有断裂(梯度模异常轴线)和蚀变带的信息(元素地球化学分带),基本包含了地质模型的内容。如图 2-21 所示,重力梯度模异常+高精度地磁梯度模异常+化探分形迭代异常与已知夜长坪矿床位置吻合,可作为本区地质概念

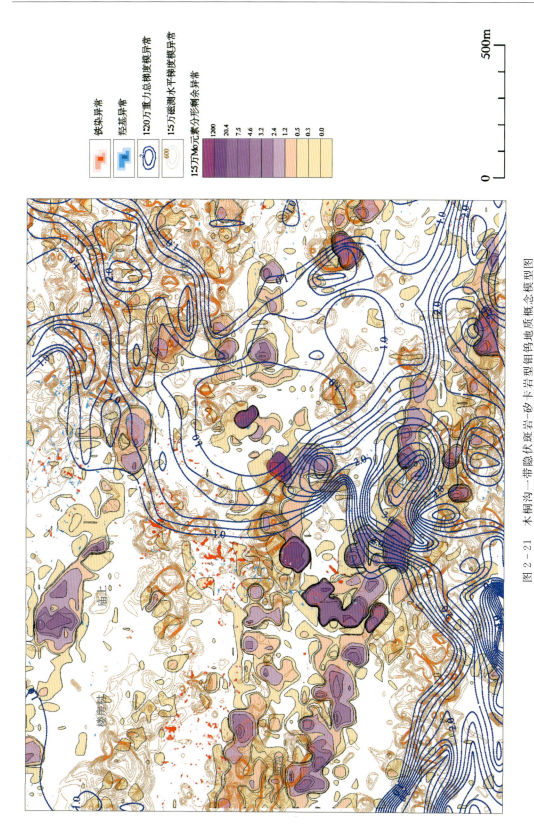

图 2-21 木桐沟一带隐伏斑岩-矽卡岩型钼钨地质概念模型图

蓝线为1:20万重力总梯度模异常线,棕线为1:5万高磁水平梯度模异常线,色区为1:5万水系沉积物钼元素分形剩余异常,红色斑为铁染异常,蓝色斑为羟基异常

模型。将这种地质概念模型推广至相邻的栾川地区,扣合了所有的已知斑岩-矽卡岩型钼钨矿床(除比例尺小的重力梯度模),因此该模型在研究区是十分有效的。

(二)成矿预测

1. 选择预测区定位方法

将矿床地质概念模型中成矿要素图层叠加或融合在一起便实现了成矿预测区圈定。直观的叠加法是提取各成矿要素图层中指示矿床实体地质模型的图形,在 GIS 环境下简单的空间叠加,符合矿床地质概念模型的叠加图形区即为预测区(达到预测矿床尺度的找矿靶区)。这种叠加法删除了成矿要素图形所处的场,也就损失了成矿要素图层中包含或隐含的其他成矿信息。另一种方法是融合法,利用全部成矿要素图层的所有信息,进行综合信息的空间分析与融合,运用数学地质原理圈定、优选靶区。

根据使用条件和数学原理选择适当的数学方法至关重要,在常用的一些综合信息预测区圈定方法中:证据权法要求证据因子间条件独立,以上成矿要素图层高度相关,不适用证据权模型来评价预测单元;多元回归分析要求变量之间存在统计相关关系,但已知模型单元仅有一个,预测结果也是不可信的。多元统计分析方法最为适用,如聚类分析、判别分析、主成分分析、因子分析、对应分析、典型相关分析等。原理是利用统计学和数学方法,将隐没在大规模原始数据群体中的重要信息集中提炼出来,简明扼要地把握系统的本质特征,分析数据系统中的内在规律性。利用多元分析中不同的方法还可以对研究对象进行分类和简化。

最终选定主成分分析方法,主成分分析是一种通过降维技术把多个变量化为少数几个主成分的统计分析方法。所建立的斑岩-矽卡岩型钼钨矿床的地质概念模型共有 16 个图层(重、磁梯度模异常和 14 种元素化探分形迭代异常),太多的变量增加了复杂性并掩盖主要因素。其中 14 种元素化探分形迭代异常中有很多是相关的,反映的地质信息有一定的重叠。主成分分析的目的就是建立尽可能少的具有线性组合的新变量,使得这些新变量是两两不相关的,这些新变量尽可能保持了原有的信息,而且分别具有不同的地质意义。

2. 方法步骤

1)数据标准化

1:20 万区域重力数据处理:按照 1:5 万成图比例尺进行投影转换,进行 $500m \times 500m$ 网格化处理,数据补空插值、扩边处理,编制等值线图验证后,作为基础数据源。

1:5 万地面高精度磁测数据处理:投影转换,$250m \times 250m$ 网格化处理,补空、化极、裁剪处理,编制等值线图验证后作为基础数据源。

1:5 万水系沉积物数据处理:投影转换,按照 $100m \times 100m$ 网格进行网格化处理,进行裁剪并编制等值线图验证后作为基础数据源。

2)生成地质概念模型图层

利用 RGIS 软件进行重力、高精度磁测数据水平梯度模数据运算,生成水平梯度模异常图,保存 grd 数据。使用 GeoExpl 软件进行所有 14 种元素(Mo、Zn、W、Sn、Sb、Pb、Mn、Cu、Cd、Bi、Au、Co、As、Ag)分形迭代数据运算,生成分形迭代地球化学异常,保存 grd 数据。

3)主成分分析

运用 GeoDas 软件进行主成分分析,首先转换数据,将以上水平梯度模异常、分形迭代地球化学异常 grd 数据,通过 ARC\INFO 软件的相关功能转换成 GeoDas 支持的 ESRI GRID 数据,转换后导入 ESRI GRID 数据。GeoDas 软件自动执行不同成分的相关性判定,根据信息量分布曲线,确定主成分个数。进行主成分表达、命名,生成主成分得分图。

4)主成分地质分析

进行主成分地质分析,确定各主成分的地质意义及代表斑岩-矽卡岩型钼钨矿床地质概念模型的主成分,根据主成分得分图确定预测区。

3. 预测成果

1)斑岩-矽卡岩型钼钨矿预测

按照以上主成分分析步骤得到 7 个主成分,第一主成分为重力梯度模异常、高精度地面磁测梯度模异常和 W、Mo、Sn 等全部 14 种元素的分形迭代正异常(图 2-22),重、磁梯度模异常代表隐伏花岗斑岩存在,分形迭代正异常指示钼钨矿化存在和热液元素的组成。第一主成分得分图如图 2-23,反映了成矿组分的分布。夜长坪钼钨矿区为得分最高的区域之一,选定其他得分高的区域为斑岩-矽卡岩型钼钨矿预测区,有马渠沟口、庄科、河口、黄家瑶、王河、唐凹、碾子沟、三官庙、五亩地和石门沟 10 处。

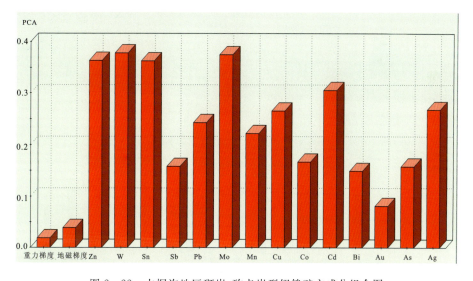

图 2-22 木桐沟地区斑岩-矽卡岩型钼钨矿主成分组合图

基于矿床模型的综合信息成矿预测与基于地质异常理论的综合信息成矿预测对比,两种方法圈定的预测区基本一致,部分高度一致,其中前者较后者圈定的范围小,精度更高。

2)其他主成分讨论

第二主成分为 Cd+As+Sb+Zn+Cu+Ag-W-Sn-Mo-重力梯度模-地磁梯度模(图 2-24),主成分得分图如图 2-25。第二主成分得分区域与第一主成分得分区域一致,主要沿北西向马超营断裂带、河口断裂带及北东向断裂带分布。主成分主要为一套中低温元素组合,与高温元素和重磁梯度模负相关,指示岩浆侵入之前(还在更深部)和斑岩-矽卡岩型钼钨矿成矿之前一次中低温热液活动事件。

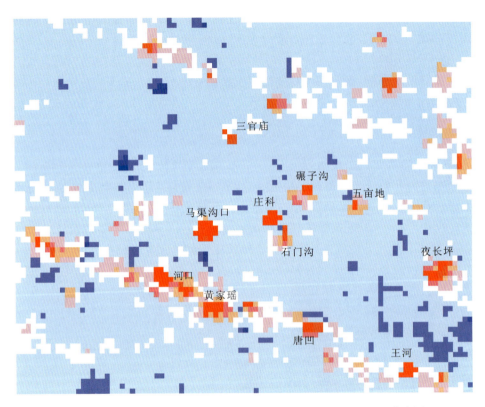

图2-23 木桐沟地区斑岩-矽卡岩型钼钨矿主成分得分及预测区分布图

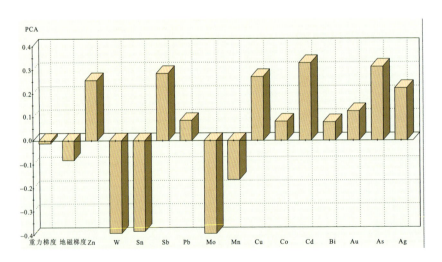

图2-24 第二主成分组合图

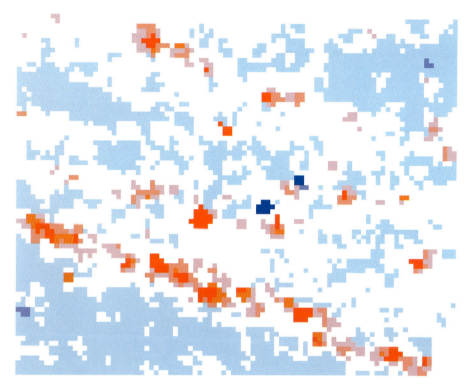

图 2-25 第二主成分得分图

第三主成分组合与得分图见图 2-26、图 2-27，主成分组合为 Co+Mn+Zn+Pb+重力梯度模-地磁梯度模-Bi-W-Mo-Au-Sb-As，主成分主要分布在熊耳群火山岩区，并叠加在北东向、北西向交叉的断裂带中，与第一主成分分布区域部分重合。可能代表了两次地质事件：一是长城纪中温潜火山热液活动；二是白垩纪斑岩-矽卡岩型钼钨矿成矿晚期中温热液活动。

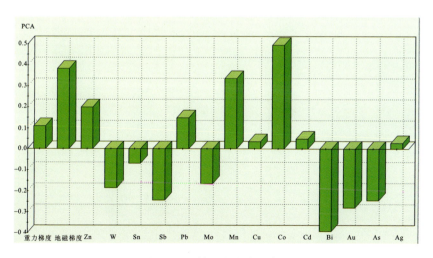

图 2-26 第三主成分组合图

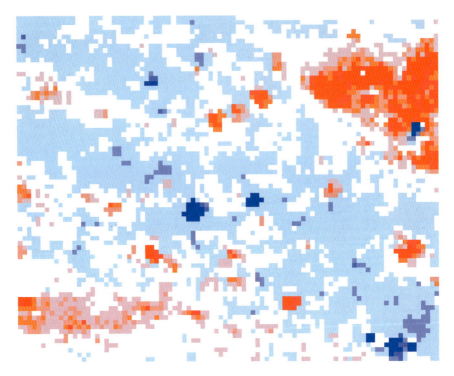

图 2-27　第三主成分得分图

第四主成分组合：Au＋Bi＋Mn＋Co＋Sb＋重力梯度模-地磁梯度模-Cd-Ag-Mo-Zn-W（图 2-28），主成分分布在熊耳群火山岩区（图 2-29），少与闪长岩、韧性剪切带及脆性断层吻合，主要与长城纪中性岩浆活动有关，明显与白垩纪斑岩-矽卡岩型钼钨矿成矿无关。

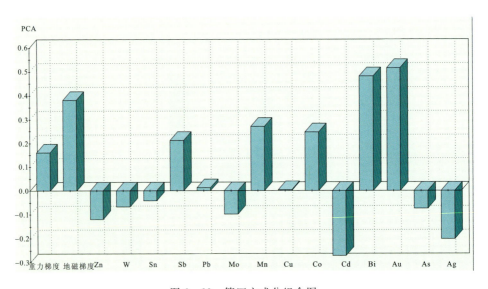

图 2-28　第四主成分组合图

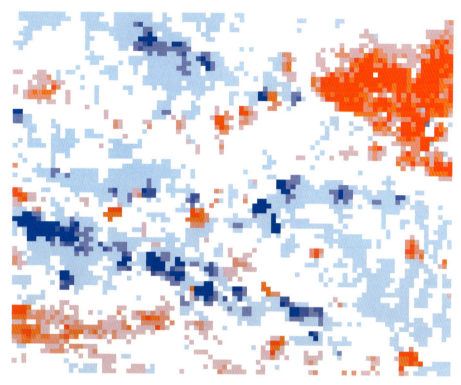

图 2-29 第四主成分得分图

第五主成分组合:As+Sb+Mn+Co+地磁梯度模-Ag-Pb-重力梯度模(图 2-30)。从主成分分布来看(图 2-31),属与成矿无关的、沿断裂活动的低温热事件。

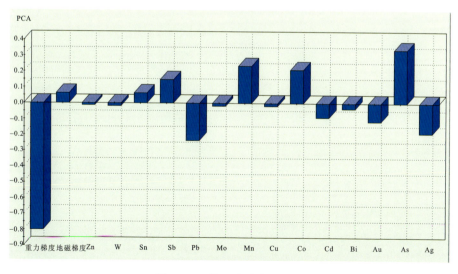

图 2-30 第五主成分组合图

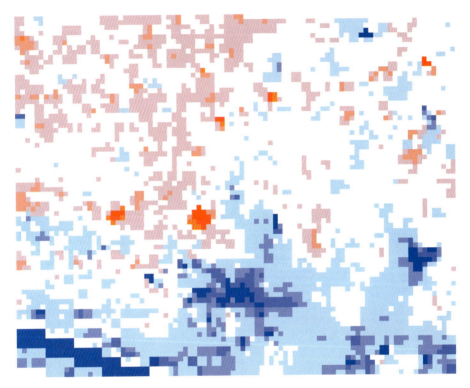

图 2-31　第五主成分得分图

第六主成分组合：Pb＋Au＋Ag＋地磁梯度模－Cu－Co－Sb－重力梯度模（图 2-32）。主成分分布地点与第一、第二主成分分布地点一致（图 2-33），位置略偏移，范围相对较大。第六主成分似与第二主成分配套的成分分带，属斑岩-矽卡岩型钼钨矿成矿之前一次远程低温热液活动。

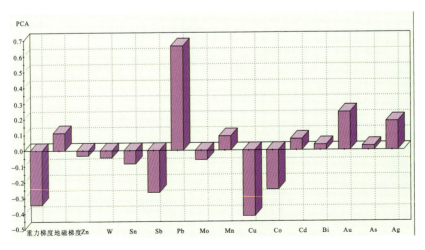

图 2-32　第六主成分组合图

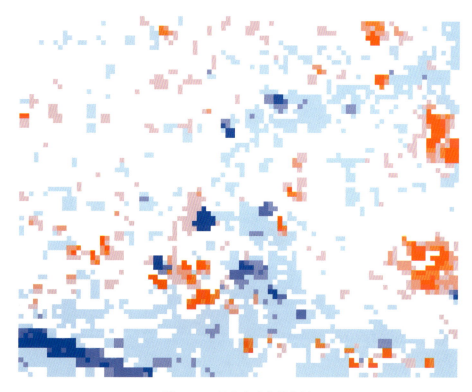

图 2-33 第六主成分得分图

第七主成分组合：Pb+Mn+Cu+Sb+重力梯度模-Zn-Cd-Au-Ag-地磁梯度模（图 2-34）。主成分分布范围与第一、第二、第六主成分分布范围一致（图 2-35），代表第六、第二主成分形成前后一次中低温热液脉动活动。

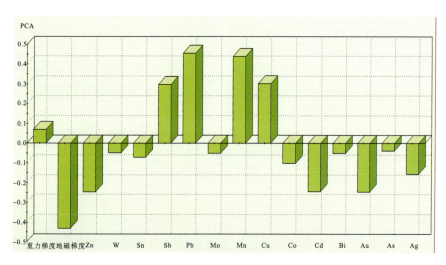

图 2-34 第七主成分组合图

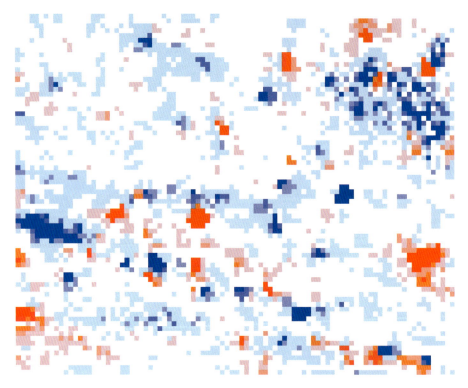

图 2-35 第七主成分得分图

第四节 栾川赤土店地区(1∶5万)成矿预测研究

一、成矿地质背景

栾川赤土店地区处于华北陆块南缘与秦岭造山带接合部的北侧,华北陆块自北东向南西左行走滑、推覆在北秦岭褶皱带之上。区内总体构造格架为轴面北东缓倾的斜歪或紧闭褶皱,以栾川断裂为主界面的上盘逆冲断裂系以及沿倒转背斜轴部侵位的花岗岩-花岗斑岩带(图 2-36)。

1. 地层

区内主要出露地层为中元古界官道口群一套浅海相含燧石条带碳酸盐岩建造和新元古界栾川群一套滨-浅海碎屑岩-碳酸盐岩建造。南部为下古生界陶湾群板内盆地边缘一套碎屑岩-碳酸盐岩建造,推覆在北秦岭中-新元古界宽坪群一套基性火山岩-碎屑岩-碳酸盐岩建造之上。

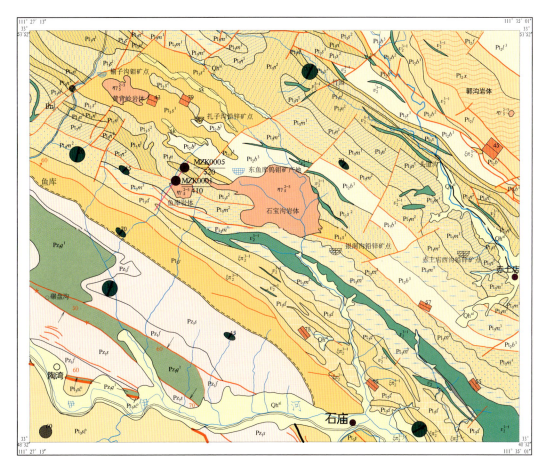

图 2-36 栾川赤土店地区地质矿产略图

Qh^{al}. 全新统未分;Pz_1q^2. 陶湾群秋木沟组上段;Pz_1q^1. 陶湾群秋木沟组下段;Pz_1f. 陶湾群风脉庙组;Pz_1s. 陶湾群三岔口组;Pt_3x. 宽坪岩群谢湾岩组;Pt_3sc. 宽坪岩群四岔口组;Pt_3y. 栾川群鱼库组;Pt_3d. 栾川群大红口组;Pt_3m^3. 栾川群煤窑沟组上段;Pt_3m^2. 栾川群煤窑沟组中段;Pt_3m^1. 栾川群煤窑沟组下段;Pt_3n^3. 栾川群南泥湖组上段;Pt_3n^2. 栾川群南泥湖组中段;Pt_3n^1. 栾川群南泥湖组下段;Pt_3s^2. 栾川群三川组上段;Pt_3s^1. 栾川群三川组下段;Pt_2b^3. 官道口群白术沟组上段;Pt_2b^2. 官道口群白术沟组中段;Pt_2b^1. 官道口群白术沟组下段;Pt_2f. 官道口群冯家湾组;Pt_2d. 官道口群杜关组;Pt_2x. 官道口群巡检司组;Pt_2l^3. 官道口群龙家园组上段;$\gamma\pi_5^{2-3}$. 二长花岗岩;υ_5^{3-1}. 辉长岩;$\xi\pi_5^{3-1}$. 新元古代钾长花岗岩;sk. 矽卡岩

官道口群自下而上划分为龙家园组、巡检司组、杜关组、冯家湾组、白术沟组。龙家园组下段为条纹状结晶白云岩夹厚层结晶白云岩,含叠层石;中段厚层结晶白云岩与条纹状结晶白云岩互层,底部为含砂砾白云岩、杂砂岩,下部含叠层石;上段厚层结晶白云岩与条纹、条带结晶白云岩互层,偶夹白云石板岩,底部为藻礁结晶白云岩,含叠层石。本组厚 675~1162m,研究区范围内仅出露了上段地层。巡检司组岩性为灰—灰白色硅质条带结晶白云岩,底部为灰色钙质白云石板岩、含磁铁白云石英板岩、含砾绢云千枚岩,厚 143~748.8m。杜关组上部为杂色泥钙质白云石板岩夹绢云母千枚岩,下部为灰白色硅质条纹结晶白云岩及钙质千枚岩,底部为含硅质角砾千枚岩与硅质角砾岩,厚 91.9~241m。冯家湾组为浅灰色厚层状白云石大理岩,灰色厚层状硅质条纹白云石大理岩,夹硅质条纹(带)白云岩,顶部为绢云石英白云岩与碳质绢云千枚岩互层,厚度161～3780m。白术沟组为黑色板状碳质千枚岩、薄层碳质绢云石英岩夹含碳质大理岩。

栾川群向上依次划分为三川组、南泥湖组、煤窑沟组、大红口组和鱼库组。三川组下部以含石英砂砾的变质砂岩为主,夹黑色含碳质千枚岩;上部以大理岩为主夹绢云钙质片岩;厚度321～471.6m。南泥湖组下段为薄层状石英砂岩;中段以变斑二云片岩为主,夹碳质千枚岩;上段主要为不纯的大理岩;厚度240～500m。煤窑沟组下段为变质细砂岩、片岩、大理岩互层;中段厚层白云石大理岩,富含叠层石;上段为石英岩、磁铁云母片岩、白云质大理岩,夹变质石煤1～2层;厚度855～1100m。大红口组以粗面岩和黑云粗面岩为主,片理发育,局部形成片岩;厚度大于745m。鱼库组以白云石大理岩为主,夹薄层硅质结核大理岩,厚86～436m。

陶湾群自下而上划分为三岔口组、风脉庙组和秋木沟组。三岔口组以钙镁质砾岩为主,间夹碳质大理岩,厚度大于509m。风脉庙组以钙质二云片岩为主,局部夹厚层条带绿泥石英大理岩,厚196m。秋木沟组上段岩性以中厚层状大理岩为主,下段为夹条带状白云绿泥石英大理岩,厚度大于860m。

2. 构造

轴迹北西走向的斜歪紧闭褶皱为研究区的基本构造样式,造成背斜南西翼地层倒转。褶皱为平行轴面或斜切的系列逆冲断层切割,并发育一组横向断层,构成不同地层结构的条块或断块的复杂排列。完整的褶皱形态保留有黄背岭-石宝沟背斜的西北段(黄背岭段),背斜核部出露最老地层为官道口群白术沟组,两翼依次为栾川群三川组、南泥湖组;背斜轴面北东缓倾,两翼倾角南陡北缓;南翼地层倒转,北翼发育次级褶皱;总体呈枢纽向西倾伏的复式斜歪褶皱。背斜北东侧和南西侧向斜形态基本完整,向东纵横向断层发育,已很难恢复褶皱形态。

北西走向断层多与地层倾向相同,交角不大,有些似层间断裂;但造成大量地层缺失,并两盘常伴有明显的牵引褶曲,表明有相当大的水平断距。北东走向断层亦较发育,倾角很陡,具有明显的地层垂向落差效应;兼有少量平移,以左行为主。

3. 岩浆岩

新元古代辉长岩墙(席)在官道口群和栾川群中较普遍分布,钾长花岗岩岩墙见于大红口组,代表新元古代稳定盆地一次裂谷事件。侏罗纪似斑状二长花岗岩存在平行相距约2km的两个带,南带在研究区自西北向东南分别出露有黄背岭、鱼库和石宝沟岩体,呈周边不规则的短轴状岩体侵入官道口群、栾川群地层中。北带仅见有出露面积0.02km^{2}的郭沟岩体,与紧邻研究区北部的南泥湖岩体等同处一带。

黄背岭岩体:长约4km,宽约0.4km,面积0.44km^2,呈不规则的椭圆形。侵入白术沟组和三川组中,与围岩接触面产状为南北陡、东西缓。岩石呈肉红色、灰白色,似斑状结构,块状构造;斑晶为微斜长石、斜长石、石英;微斜长石斑晶半自形,大小(2×4)m^2~(8×12)m^2,含量30%～35%;斜长石斑晶自形板状,粒度较细;石英斑晶他形粒状,粒度1～4mm;基质细粒花岗结构,块状构造,成分与斑晶一致;副矿物有磁铁矿、白钨矿、锆石、磷灰石、褐帘石、金红石等。该岩体在水平方向可分中心相和边缘相,边缘相粒度细,黑云母和斑晶含量少。

鱼库岩体:长0.45km^2,宽约0.25km^2,面积0.15km^2,平面形态为长轴北西西向不规则椭圆形。岩石侵入于煤窑沟组和南泥湖组的大理岩、片岩、石英岩中,岩性为细粒似斑状花岗岩。岩石呈褐黄色、浅肉红色,细粒斑状结构,块状构造;主要矿物为钾长石(40%~50%)、斜长石(25%~30%)、石英(20%左右),次为黑云母(<5%),微量矿物有锆石、磁铁矿、榍石、磷灰石等;其中斑晶含量5%~15%,主要为斜长石、石英、钾长石,次为黑云母;基质成分与斑晶一致,粒度一般小于0.04mm。

石宝沟岩体:长约2km,宽约1.5km,面积2.56km²,呈不规则短轴状。岩体向北倾斜,倾角70°~80°,侵入于白术沟组、三川组和煤窑沟组中。岩性为似斑状黑云二长花岗岩,自北向南(自上而下)大致可以划分出相对细粒、中细粒和中粗粒3个带。底部中粗粒似斑状二长花岗岩呈浅肉红—肉红色,蚀变后灰白色,似斑状结构,块状构造;主要矿物钾长石(30%~40%)、斜长石或更长石(25%~30%)、石英(30%左右),少量黑云母(0~5%),副矿物有磷灰石、锆石、白钨矿、独居石、磁铁矿、金红石、石榴石、黄铁矿、榍石等;其中斑晶含量40%~60%,主要为钾长石、石英,次为斜长石;基质含量细—中粒花岗结构,成分与斑晶一致,但斜长石比例增加(占基质的15%~35%)。

二、区域地球物理场

在河南省1:50万布格重力异常图和航磁异常图上,研究区处于北西西走向重力低值带的中心部位,最低值为-140×10^{-5}m/s,并处在北西西向与北北东向重力异常梯级带交汇部位,剩余重力异常呈等轴状,与磁值200γ以上的等轴状航磁异常同心套合,指示该区处于岩浆活动的中心部位。

1:5万重力梯度模异常呈圈闭的环带(1:20万数据),近等轴状高精度地磁梯度模异常被环抱其中(图2-37)。预示在重、磁梯度模异常的中部存在含磁性侵入体,或湿的、高挥发分的酸性侵入体与碳酸盐岩地层交代形成含磁性的地质体。从图2-37看,出露的具有钨钼矿化的矽卡岩条带与已知黄背岭、鱼库和石宝沟岩体的关系并不密切,而是处在重、磁梯度模异常中部;实际上,已知岩体与碳酸盐岩围岩的接触带并未见矽卡岩和钨钼矿化,说明另有侵入岩体的可能性很大。

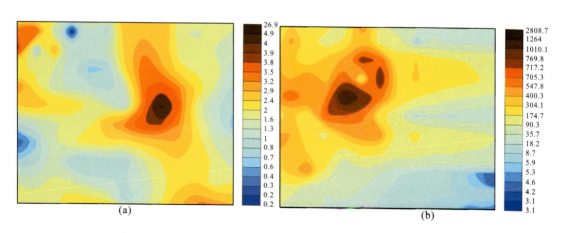

图2-37 栾川赤土店地区重力(a)与高精度地磁梯度模异常图(b)

三、区域地球化学场

图2-38为研究区1∶5万水系沉积物分形迭代异常图,可以看出:V、Mo、W异常位置套合,并依次呈浓度分带,与重、磁梯度模异常吻合;其他元素异常以北西向、北东向正交的异常带展布,空间位置与断裂带重合。

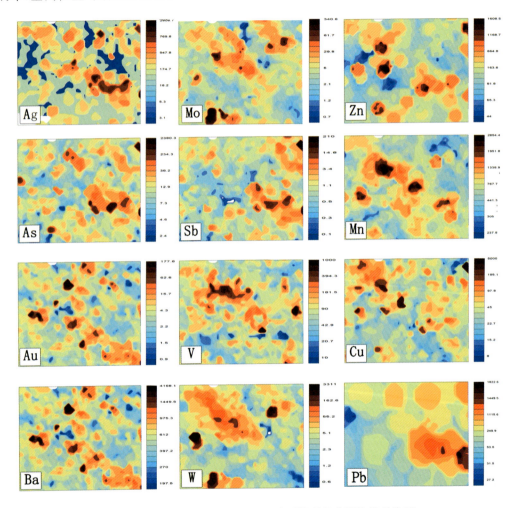

图2-38 栾川赤土店地区1∶5万水系沉积物分形迭代异常图

经主成分分析,水系沉积物分形迭代地球化学异常共有7个主成分,剖析见图2-39。

第一主成分:Sb+As+Au+Ag+Cu+Zn+Pb,为一套全部正相关的中低温元素组合,主要沿北西向断裂带分布,与银洞沟铅锌银矿区位置吻合,代表铅锌银成矿因子。

第二主成分:Sb+Pb−Mn−W−V−Mo−Zn,分布在重、磁梯度模异常(推断隐伏岩体)之外所有区域,代表背景场Sb、Pb与Mn、W、V、Mo、Zn负相关的一组元素分布。

第三主成分:V+Pb+Mn+Ag−W−Cu−Mo,表示V、Pb、Mn、Ag与W、Cu、Mo负相关的元素分布,并与已知铅锌银矿区和钨钼矿化区吻合,为主成矿因子。

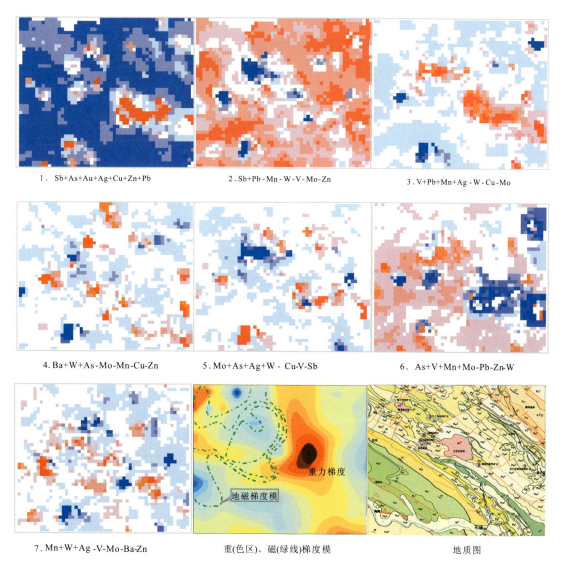

图2-39 栾川赤土店地区分形迭代地球化学异常主成分与重、磁梯度模异常剖析图

第四主成分：$Ba+W+As-Mo-Mn-Cu-Zn$，沿北西向、北东向交织的断裂展布，为 Ba、W、As 与 Mo、Mn、Cu、Zn 分离的岩浆热液活动。

第五主成分：$Mo+As+Ag+W-Cu-V-Sb$，表示 Mo、As、Ag、W 与 Cu、V、Sb 分离的元素分布，亦代表断裂中岩浆热液活动。

第六主成分：$As+V+Mn+Mo-Pb-Zn-W$，为 As、V、Mn、Mo 与 Pb、Zn、W 负相关的一组元素组合，分布在新元古代辉长岩墙（席）、钾长花岗岩和侏罗纪似斑状二长花岗岩的外围或上盘，为相应岩浆活动的地球化学场。

第七主成分：$Mn+W+Ag-V-Mo-Ba-Zn$，与第四、第五主成分空间位置接近，系沿断裂岩浆热液活动的组分分带或脉动分带。

四、典型矿产地特征

区内已知矿化为斑岩成矿系列钼钨、铅锌银,自北西向南东已知有榆子沟钼矿点、扎子沟铅锌矿点、东鱼库钼钨矿产地、银洞沟铅锌矿产地和赤土店西沟铅锌银矿产地,以下分析东鱼库钼钨矿产地地质特征。

1. 矿区地质概况

矿区位于栾川县陶湾镇和石庙乡之间,西至中鱼库,东至石宝沟(竹园沟),面积约 $4.00km^2$。为河南省第二地质勘查院于 2006 年新发现的矿产地,按 $400m×(200~400)m$ 网度共施工了 9 个钻孔,提交了(333)钼金属资源量 $10.94×10^4 t$,WO_3 资源量 $6.06×10^4 t$。矿体四周均未封闭,预测钼金属资源量大于 $20×10^4 t$。

矿产地处于石宝沟岩体的北东侧,矿体赋存在隐伏细粒斑状黑云母花岗闪长岩的内、外接触带,围岩主要为三川组上段中厚层条带状黑云母大理岩、石英大理岩及绢云母大理岩,下段含石英细粒变质砂岩,局部夹石英大理岩等。初步钻探控制的含矿岩体向北西倾伏,可能为石宝沟岩体之后的同源侵入体。含矿岩体与地表出露的石宝沟岩体的关系基于 3 点:①含矿岩体与石宝沟岩体岩石特征不同,有不同的岩石学定名(表 2-2);②出露的石宝沟岩体与围岩关系明确,不存在内、外接触带中的矿化;③含矿与不含矿岩体在区域上普遍存在共生关系。

表 2-2 石宝沟岩体与隐伏含矿岩体岩石特征对比表

岩性	石宝沟细—中粒似斑状二长花岗岩	细粒斑状黑云母花岗闪长岩
斑晶含量	40%~60%,主要为石英、钾长石	5%~10%,主要为钾长石,次为石英
长石含量	斜长石 25%~30%(An=20 左右),钾长石 30%~40%	斜长石 51% 左右(环带 An=16~34),钾长石 20% 左右
石英含量	30% 左右	20% 左右
暗色矿物含量	黑云母基本无,或小于 5%	黑云母 5%~10%,平均 7% 左右;基质含少量角闪石
结构	似斑状,基质为细中粒花岗结构	似斑状,基质为细粒自形—半自形粒状结构
化学成分	相当于花岗岩	相当于花岗闪长岩

2. 矿床地质特征

矿体呈似层状,在东西长约 1200m,南北宽约 800m,面积约 $1.0km^2$ 的控制范围中,所控制矿体在平面上的形态为总体向北西方向延长的不规则椭圆体,面积约 $0.52km^2$。钻探控制矿体埋深 $6.22~193.13m$,厚 $67.88~201.64m$。矿体产状与隐伏岩体顶面产状一致,走向北东,倾向北西,倾角 20°左右(图 2-40)。

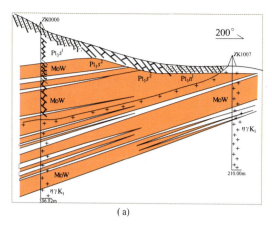 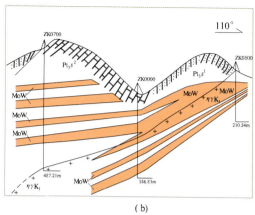

图 2-40 东鱼库钼钨矿 0 线横(a)纵(b)剖面图

Pt_3s^1. 新元古界三川组下部变质砂岩；Pt_3s^2. 新元古界三川组上部绢云钙质片岩；Pt_3n^2. 新元古界南泥湖组下段薄层状变石英砂岩；$\eta\gamma K_1$. 早白垩世二长花岗岩；MoW. 钼钨矿体

受控于隐伏岩体的钼矿化强度对围岩没有选择性，钨选择碳酸盐岩(矽卡岩)中富集。矿石组构主要有自形—半自形粒状(鳞片)结构，细脉浸染状构造。辉钼矿多呈鳞片状，大小一般 $(0.008×0.02)mm^2 \sim (0.02×0.06)mm^2$，最大 25mm；白钨矿自形—半自形粒状，粒径多在 $0.08 \sim 0.28mm$；黄铁矿自形—半自形粒状，一般 $0.1 \sim 0.3mm$，大者 $2 \sim 5mm$。矿石贫硫化物，含黄铁矿一般 1%，少数达 5%~10%。矿体单工程品位：Mo 0.04%~0.08%；W 0.07%~0.18%，平均 0.15%。

围岩蚀变自岩体向外分别为黑云母化、硅化、钾长石化、青磐岩化(绿泥石化、绿帘石化、碳酸盐-沸石化)。基于矿石组构分析先后有 4 个成矿阶段：矽卡岩阶段，钾长石-石英-硫化物阶段，石英-硫化物阶段和沸石-碳酸盐-硫化物阶段。

五、矿床模型综合信息成矿预测

(一)综合信息矿床模型

对比栾川赤土店地区与木桐沟一带隐伏斑岩-矽卡岩型钼钨矿产地质特征，赤土店地区岩浆活动期次多，成矿强度大；具体表现是围岩蚀变强度(温度)高，在岩体附近或远离岩体的断裂中出现了脉状铅锌、铅锌银矿体。而两者总体成矿地质要素一致，木桐沟一带隐伏斑岩-矽卡岩型钼钨矿的地质概念模型在本区仍适用。

从赤土店地区地质、地球物理和地球化学场来看，判断隐伏岩体存在的有效标志仍然是重、磁梯度模。重力梯度模框定了隐伏(包括出露)岩体的范围，地磁梯度模起到了佐证作用，两者之间的空间关系及其细节有助于分析不同期次的岩体。重力或地磁梯度模的轴线尚指示了断裂带的存在。1:5 万水系沉积物测量分形迭代地球化学异常的第三主成分(V+Pb+Mn+Ag-W-Cu-Mo)，指示了斑岩-矽卡岩型钼钨矿与脉状充填铅锌(银)矿的存在与否。因此，重力梯度模+地磁梯度模+分形迭代地球化学异常第三主成分(V+Pb+Mn+Ag-W-Cu-Mo)，即本区斑岩成矿系列基于地质概念模型的综合信息预测模型。

(二)成矿预测

1. 斑岩成矿系列成矿预测

1)斑岩-矽卡岩型钼钨矿

通过主成分分析对全部预测要素进一步融合,得出新的7个主成分。第四主成分组合为地磁梯度模+Cu+V+Sb-重力梯度模-W-Ba-Mo-Pb(图2-41)。重力梯度模与地磁梯度模负相关表示两者相依但位置不重合,如图2-37、图2-39,代表(隐伏)岩体的存在;W-Ba-Mo-Pb是一组含岩浆射气元素(Ba)的成矿元素组合,与Cu-V-Sb存在组分分带关系,在空间位置上负相关;这些正、负相关的因素组合在一起,指示了斑岩型钼钨矿的特征,为研究区的主成矿因子。

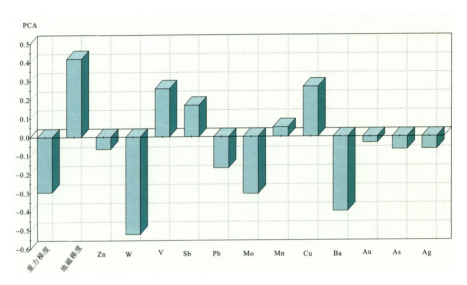

图2-41 第四主成分组合图

第四主成分的得分图,即主成矿因子分布的异常图。图2-42中得分高的红色区域,即斑岩型钼钨矿的预测区。预测区包含了所有已知斑岩系列矿产地的分布,得分最高的区块是找矿最有利的重点靶区。

2)热液铅锌(银)矿

第一主成分:Sb+As+Au+Ag+Cu+Zn+Pb-地磁梯度模-Ba。指示岩体存在的因子(地磁梯度模-Ba)与典型的中低温成矿热液因子(Sb+As+Au+Ag+Cu+Zn+Pb)负相关(图2-43),这种负相关是空间距离上的负相关,代表斑岩成矿系列中热液铅锌(银)矿的成矿因子。

热液铅锌(银)矿成矿因子的得分图如图2-44,红色区域即热液铅锌(银)矿的预测区。已知的银洞沟铅锌(银)矿产地和赤土店西沟铅锌银矿产地均在其中。与图2-42对比,铅锌(银)矿成矿因子的得分高区全部环绕斑岩型钼钨矿成矿因子的得分高区,说明预测结果符合成矿规律。

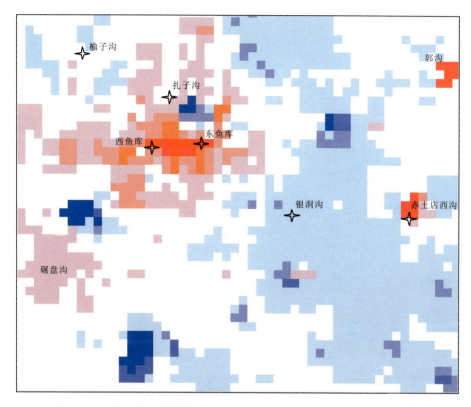

图2-42 第四主成分得分及斑岩-矽卡岩型钼钨矿预测区(红色)分布图

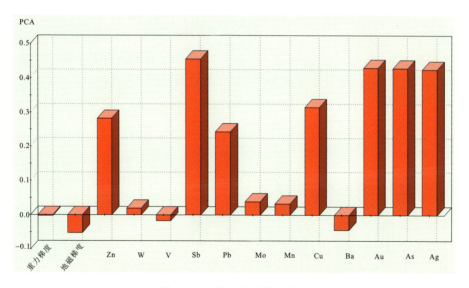

图2-43 第一主成分组合图

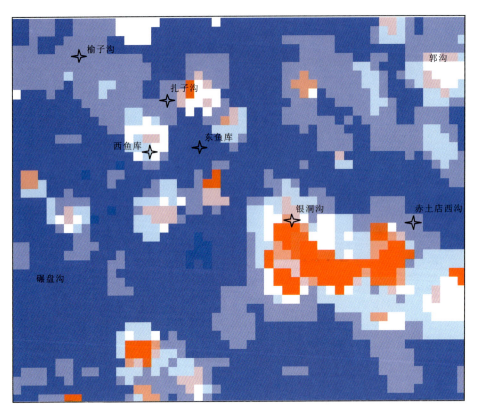

图 2-44 第一主成分得分及热液铅锌(银)矿预测区(红色)分布图

2. 其他地质成分分析

第三主成分：Cu＋W＋Mo＋Sb＋Ba－重力梯度模－Pb－V－Mn－Ag。表示沿重力梯度带的两组负相关的元素组合，主要分布在北西走向区域性大断裂带(图 2-45)，反映北西向断裂带中的岩浆热液活动。

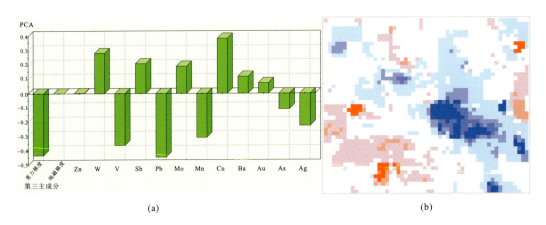

图 2-45 第三主成分组合图(a)及得分图(b)

第五主成分:Ba+V-Mo-重力梯度模。沿重力梯度带活动的 Mo 与 Ba、V 呈负相关,并存在距离关系,为北西向、北东向断裂中的热液活动(图 2-46)。

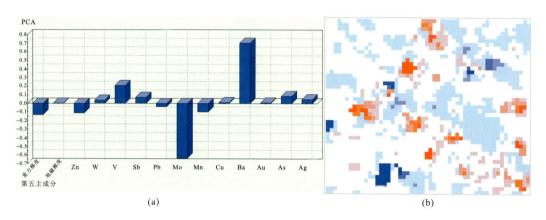

图 2-46　第五主成分组合图(a)及得分图(b)

第七主成分:重力梯度模+地磁梯度模+As+Sb+Ag+Au+Ba+Mo-Zn-Pb-V-W。为岩体接触带(重力梯度模+地磁梯度模)的一组元素组合,因子分布与早期似斑状二长花岗岩边界吻合(图 2-47)。

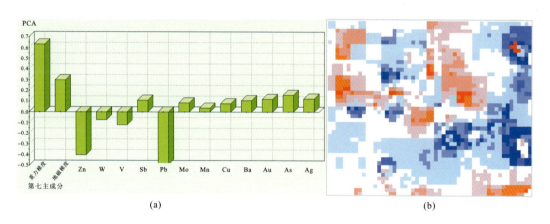

图 2-47　第七主成分组合图(a)及得分图(b)

第二主成分:重力梯度模+Pb+Sb-地磁梯度模-Mn-V-W-Mo-Zn-Ba。为岩体分布区之外的背景组分因子分布情况(图 2-48)。

第六主成分:地磁梯度模+As+Ag+Au+Mo-重力梯度模-Cu-Zn-Pb-V-Sb。对应碳质板岩-碳酸盐岩组合地层的分布(图 2-49)。

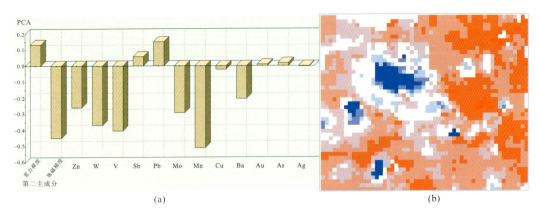

图 2-48 第二主成分组合图(a)及得分图(b)

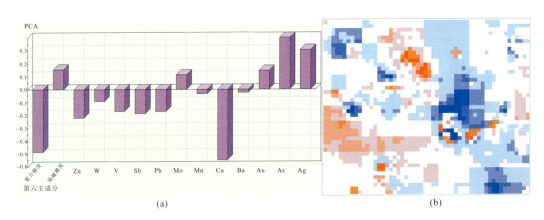

图 2-49 第六主成分组合图(a)及得分图(b)

第三章　基岩出露区综合勘查技术方法研究

第一节　内生金属矿产勘查技术方法研究进展

一、矿产勘查技术方法回顾

1. 国外矿产勘查回顾

20世纪西方矿产勘查分为3个主要阶段：第一阶段是1900—1940年的找矿人阶段，以直接观察为主；第二阶段为1940—1965年，引入间接观察的方法，特别是采用地球物理方法进行区域勘查，其间发现了大量的矿床；第三阶段为1965年到现在，这个时期大量使用地球物理、地球化学和遥感等多种技术方法，同时对运用地质理论解决勘查实际问题的必要性的认识日益加深，矿床模型找矿显示出巨大威力，发现了大量的铜矿、铅锌矿、金矿和铀矿（戴自希，2004）。美国勘查学家Lowell认为，1950年标志着现代矿产勘查的起步，从1950—2000年这50年的时间跨度又分为两个阶段：前一阶段以勘查钻井逐渐增加为特征，后一阶段则以勘查逐渐减少、高科技应用和间接勘查不断增多、发现成本迅速增加为特征。从勘查技术演变来看，"二战"后到20世纪50年代和60年代，突出的进展是物探中的电法和电磁法测量系统，由此发现了许多块状硫化物矿床，放射性测量发现了大量铀矿，磁法测量发现了一些铁矿。另一个技术突破是地球化学技术的发展，用地球化学方法发现了大量矿床。

1997年，加拿大地质学家Laznicaka对从1636年直至1982年时间跨度内的世界上140个巨型金属矿床的发现状况进行统计后得出：凭机会偶然发现的占30%；由找矿人通过传统找矿和采矿期间发现的占24%；由政府组织找矿、填图等发现的占14.5%；私人公司通过复杂勘探发现的占31%。从Laznicaka对这些矿床发现状况的统计中可以看出，私人公司通过组织项目的找矿和由政府组织的找矿发现多是依靠先进技术和复杂勘探而实现的，两者合计占总发现的45.5%。而在1900—1982年间发现的96个巨型矿床中，采用先进的勘查理论和先进的勘查技术找矿发现的矿床占总数的68%。可见先进的勘查理论和先进的勘查技术在现代矿床发现中起着越来越重要的作用。"工欲善其事，必先利其器"，利用科技进步完善和发展勘查技术是当前世界矿产勘查发展的一个重要趋势。新技术和新方法的应用可明显地降低勘查成本，大幅度地提高生产率（王瑞江等，2008）。

2. 国内矿产勘查回顾

包括河南省在内的我国东部，在20世纪50年代之前处在找矿人阶段，60～70年代开展了大量的区域地质矿产调查工作，尽管缺少综合手段的配合，仍取得了巨大的找矿成果，大多数重要矿床都是在当时发现的。80年代初期安排了基岩区1∶5万区域地质矿产调查工作，因地勘费投入不足仅完成少量图幅，区域性地质矿产调查工作中断，导致可供进一步工作的找矿靶区锐减。之后虽安排了少量图幅的1∶5万区域地质调查，但不再有相应的矿调工作。进入21世纪，新一轮的综合运用物化探方法的区域地质矿产调查工作重新起动。

中国的固体矿产物探始于1936年丁毅先生在安徽当涂铁矿进行的电法测量，新中国的物探工作以1950年东北地质调查所在鞍山等地的磁法和电法工作为开端（孙文珂等，2001）。20世纪50年代初中期以前的物探、化探工作几乎毫无例外地布置在已知矿区及其外围，之后的物化探工作就由矿找矿逐渐发展为直接找矿与间接找矿并举，由矿区物化探发展到区域物化探（刘士毅等，2004）。物化探找到了大量的盲矿和外围矿，为扩大已知矿区的规模作出了重要贡献，在《中国矿床发现史·物探化探卷》中收录的608个大中型金属矿床中，物化探方法发现的有478个，扩大的有130个。

在我国，世界上常用的七大类物探方法（含测井）及其40余个方法亚种均曾使用过，有些仪器和方法技术有创新或达较高水平，其中实用而有效的勘探方法和仪器有航空光泵磁力仪、双频激电仪、短导线激电仪、井中三分量、地下无线电波法、伽马能谱、氡及其子体等测量方法技术和相应的设备。高精度航空磁测及区域重力调查技术系统处于世界前列或世界先进水平。为找金属矿发展的多种电法系统（适于山区普查的几种轻便型激电系统、甚低频电磁系统，适于大探测深度的瞬变电磁系统、人工场源频率测深系统以及阵列音频天然场电磁系统等）的设备，数据处理及二维正、反演软件都是自行研制的，并具有世界先进水平。金属矿地震虽只有少量试验研究性工作，但已解决了一些地质问题，提出了利用散射波、多波勘探的思路。结合我国情况，方法的运用有创新。例如为找深部磁性矿和复杂形体的磁性矿，在弱磁异常、复杂磁异常、斜磁化磁异常、井中三分量磁异常研究方面的水平处于世界前列，国际上少见这方面的应用实例。又如，为找规模不大的铬矿而研究、实施的高精度重力观测技术和提取微弱异常的方法技术等也属世界少有。在总结方法技术经验的基础上，全行业制定了各种物探方法的技术规程、规范达25种（主要用于固体矿产物探）。这标志着它们已被成熟地应用，并达到标准化程度，这在世界上也属仅有（孙文珂等，2001）。

二、勘查地球物理方法研究进展

地球物理勘探以各种岩石和矿石的密度、磁性、电性、弹性等物理性质的差异为研究基础，基于物理学的原理、方法和观测技术，分析、推断、解释地质构造和矿产分布情况。物探方法一般划分为磁法、重力法、电法（含电磁法）、弹性波法（含地震法和声波法）、核法（放射性法）、热法（地温法）与测井七大类，分地面、航空、海洋、地下4个工作空间域。

对探测隐伏矿床来说，物探方法面临的重要问题之一是加大探测深度和提高分辨率。西方国家曾有人提出在20世纪末找矿深度应超过1000m，我国也有人提出将500m以下作为第二找矿空间，加拿大地质调查所的Boldy把地下150～1500m作为探测深埋矿的范围。

20世纪80年代以来，国内外瞬变电磁法（TEM）、可控源音频大地电磁法（CSAMT）、金属矿地震、阵列电磁和地-井TEM等技术的研究、发展和应用取得引人瞩目的技术进步，目前某些物探方法的最大探测深度见表3-1。国外流行利用综合物探来找矿，也取得了明显的找矿效益。澳大利亚利用综合物探法在新南威尔士科巴地区找到了一个大型的隐伏铅锌银多金属矿床；苏联也曾用综合物探法在雅库特、哈萨克斯坦等地区相继发现了一系列新矿床。目前有关物探勘查技术方法的研发总体以美国、加拿大领导潮流,俄罗斯则在构造复杂金属矿区的地震方法研究上始终处于领先地位。

表3-1 某些物探方法的最大探测深度及主要探测目标

技术方法	探测深度	主要探测目标
综合航空地球物理	航空电磁法一般几十米,有时100m左右;航空重磁一般在300m以内,高精度仪器探测深度超过1000m	地球物理填图,主要金属矿产,尤其是块状硫化物与磁性矿产
瞬变电磁(TEM)	最大探测深度达500m以上	低阻覆盖下的良导矿体
可控源音频大地电磁(CSAMT)	20~2500m范围内的某个区段	高阻屏蔽下的主要金属矿体
大地电磁测深(MT)	上百千米,调频射电MT 1~100m	大地构造
天然场音频大地电磁(AMT)	1000m	具有电阻率差异的目标
小功率阵列人工场激电(时间域、频率域)	300m以内	具有电化学性质差异的目标
大功率阵列人工场电磁测深(CSEM)	1500m以内	具有电阻率差异的目标
EH-4电磁成像系统	10~800m,加强型发射源和低频磁探达1200~1500m,特殊高电阻率地区达2000m以上	具有电阻率差异的目标
地-井TEM	大于2000m	探测井旁盲矿电阻率异常和追踪矿体延伸方向
硬岩地震	上千米	深部控矿构造、岩体或矿层

我国适时跟踪了国际先进物探技术的发展,但在先进方法的应用和研究上限于少数几个科研和勘查单位,首先在石油、水利部门得到应用,一般矿产勘查单位的应用相当滞后。近些年,中国地质大学、中国地质科学院矿产资源研究所等单位运用瞬变电磁测深(TEM)、可控源音频大地电磁测深(CSAMT)、高分辨电导率成像(EH-4)、天然源声频大地电磁(AMT)等深探测物探方法,应用于我国金属矿产勘探实践,在云南、新疆、湖南、内蒙古、河北等地区取得可喜的应用效果。河南省近年来逐步进入隐伏内生金属矿产地质找矿阶段,在河南省地质调查院的倡导下,高精度重力、高精度地面磁测、瞬变电磁、可控源音频大地电磁测深、EH-4连续电导率测量、大功率激电测量、频谱激电测量等深探测物探技术方法正在被推广利用。

(一)可控源音频大地电磁法(CSAMT)

1. 方法原理与特点

可控源音频大地电磁法——CSAMT法(Controlled Source Audio - Magneto Telluric)是在大地电磁法(MT)和音频大地电磁法(AMT)的基础上发展起来的,同属频率电磁测深范畴,三者不同之处在于CSAMT是采用人工控制激励场源的高分辨率电磁测深技术,其工作频率范围为 0.125～8000Hz。由于天然场源的随机性和信号微弱,MT法需要花费巨大努力来记录和分析野外数据。为克服这个缺点,加拿大多伦多大学教授 Strangway 和他的学生 Myron Goldstein 提出了利用人工(可控)场源的音频大地电磁法(CSAMT)。这种方法使用接地导线或不接地回线为场源,在波区测量相互正交的电、磁场切向分量,并计算卡尼亚电阻率,以保留 AMT 法的一些数据解释方法。工作中通过调整二次场观测频率进而采集各观测点不同频率下不同方位的电、磁场振幅及相位数据,通过各种复杂的数据处理、反演手段,最终反映出地下电阻率三维分布特征,从而达到测深的目的。

CSAMT 法计算卡尼亚电阻率的公式为:

$$Z = \left|\frac{E}{H}\right| e^{i(\varphi_E - \varphi_H)}$$

$$\rho = \frac{1}{5f}|Z|^2 = \frac{1}{5f}\left|\frac{E_y}{H_x}\right|^2$$

式中:Z 为复阻抗;f 为频率(Hz);ρ 为电阻率($\Omega \cdot m$);E 为电场强度(mV/km);H 为磁场强度(nT);φ_E 为电场相位;φ_H 为磁场相位(度)。此时的 E 与 H,是一次场和感应场的空间矢量叠加后的综合场,即总场。

CSAMT 测量包括两组 10 多个独立分量,这些分量的测量取决于地质复杂程度和经济条件。CSAMT 包括张量、矢量和标量 3 种方式,取决于测量分量的数量和使用场源的数量,也可只利用电场分量进行测量。常用仪器:GDP-32(美国 Zonge Engineering)、V-8(加拿大凤凰公司)和 GMS-07(德国 Metronix 公司)。CSAMT 具有以下方法技术特点。

勘探深度范围大:根据不同地质目的及实地地电条件,CSAMT 方法的勘探深度可以灵活控制;工作中依据当地电性特征设定测量频点的上下限并调整收发距离,一般可将勘查深度限定在 20～2500m 范围内的某个区段。

分辨率高:垂向分辨率(电性层或目标地质体厚度与埋深之比)可达 10%,水平分辨率约为接收偶极子长度(浅部可控制在 20m 以内)。

低阻敏感性:由于 CSAMT 方法使用交变电磁场,因而可以穿透高阻盖层或浅部高低阻间杂地层,对反映深部低阻地质体具有较好的效果。

地形影响小:由于观测区场源在大部分频点下为平面波场,同时电磁分量的观测计算已进行了归一化,因而该方法的测量结果受地形影响较小且易于校正。

抗干扰能力强:目前应用于该方法的物探仪器大多配备大功率发射机(发射功率可达 25kW 以上),整套仪器具备精确分频、高灵敏度、高次叠加、高稳定性等性能,对有效压制各种地电及人文干扰效果显著。

2. 工作方法

根据地质需要采用任何点距进行测量,一般矿区剖面测量点距 20～40m。将一系列测量电极对(电偶极子)沿剖面首尾相接,连续排列组成一系列观测点,同时观测各电极对之间的剖面方向电场信号以及某一观测点上的垂直剖面方向的磁场信号。为了保证人工源电磁场在平面波区和电磁场不发生畸变,测点布置在如图 3-1 所示的扇区内。

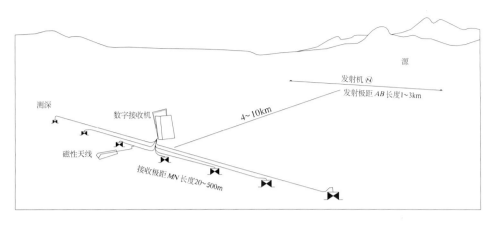

图 3-1 CSAMT 野外标量测量工作方法

场源布置技术要求：在保证提供所需的信号强度的前提下，AB 应当足够长。A、B 极布置在接地条件好的地方，供电电极用铜编织带做成，长 3~4m，埋入地下并用盐水彻底浇透。场源布置还要考虑场源与测线间的地质情况，在场源与测线间尽量没有金属矿、煤矿、大的断层、湖泊和岩溶等引起静态效应的地质体。

接收机布置技术要求：为方便施工，接收机布置在一个电极排列的中间，而且一定要接地。

测量电偶极布置技术要求：采用测量点距长度的电偶极子（测量电极）来观测电场，偶极的两端连接在用水浇湿的坑中的固体不极化电极上。

测点布置技术要求：测点布在远区，而且在 AB 场源偶极的中垂线的 30°扇区内，比较理想的是最靠近场源的测线距 AB>5 倍的趋肤深度。

磁棒布置技术要求：磁棒布置在测量电偶极子排列的中间，为了最大限度地减少因风引起的震动产生的噪声，通常是把磁棒埋起来，磁棒的方向垂直测线且水平。

质量要求：要求两次观测的电阻率-频率曲线形态一致；每个测点电场强度基本大于 $20\mu V/m$，磁场强度大于 0.01nT；每个测点的每个频点的 SEM<100 milliradians。

数据处理与解释方法：野外实时计算卡尼亚电阻率，对每一个测点进行编辑，舍掉畸变的频点，保留高质量的频点数据。在进行反演解释时，首先进行静态位移校正、近场校正。其反演方法有广义逆矩阵反演、随机搜索法反演、Bostick 反演、直接反演、OCCAM 反演、快速松弛（RRI）、共轭梯度等。常用的软件有 TCMV、TCMT、TCMP、TCMG、TCMGS、STATIC、SC-SIO 等。

3. 应用实例

CSAMT 有大量成功应用的范例，虽然一些矿（体）与围岩之间没有明显的电阻率差异，但是大多有色金属矿床与岩浆岩体和构造一般关系较密切，利用可控源音频大地电测深法，可通过寻找与成矿有关的岩体和构造，进行间接找矿。

在国外，1981 年日本九州岛发现的菱刈金矿床是用 CSAMT 法识别出低阻异常带和高阻异常带，后经钻探证实高阻异常系由矿化引起，用 CSAMT 准确圈定目标后钻探见到高品位金矿体的。

在国内,黄力军等(2007)在四川呷村银多金属矿区进行了可控源音频大地电磁法(CSAMT)测量。呷村海相火山岩块状硫化物矿床位于四川西部高原,产于"三江"义敦岛弧带的昌台火山盆地。含矿围岩为上三叠统呷村组一套中酸性火山岩系,主要岩性有钙质板岩、钙质千枚岩和泥晶灰岩等。主矿体长数千米,局部累计厚度达100m,向下延伸大于600m。从图3-2可以看出,可控源音频大地电磁测深反演电阻率低阻异常,基本反映的是良导矿体和赋矿构造在断面内的分布情况,如果应用可控源音频大地电磁测深法面积测量,可以基本勾画出良导矿体和赋矿构造的三维空间分布形态,对该区矿产资源进一步勘探具有明显的指导作用。

张建奎(2006)在青海某产状复杂的磁铁矿成功地使用CSAMT法进行了测量,并与对甘肃某铅锌矿采用CSAMT法的结果进行了对比研究。其对比结果表明:在电性条件具备(矿体、矿化体与围岩之间具有明显的电性差异)、无其他干扰因素存在并且在多方法配套使用时,CSAMT法可以发挥其特长,有很好的找矿效果。在对于电性条件不充分、缺乏其他物探方法的对比验证时,使用该法进行直接找矿,则效果不明显。

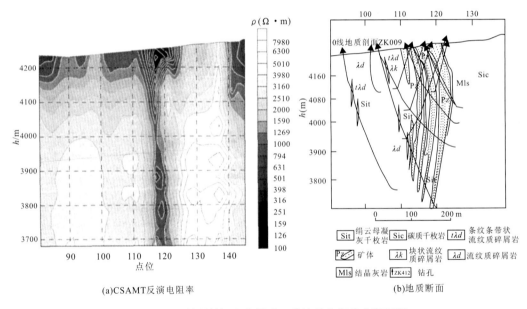

图3-2 四川呷村银多金属矿0线地质物探综合断面图
(据黄力军等,2007)

(二)连续电导率成像(EH-4)

1. 方法原理与特点

目前,基于平面波卡尼亚电阻率频率域电磁测深法向两个方向发展:一个方向是重设备、大功率可控源音频大地电磁测深法(CSAMT);另一方向是轻设备、天然源音频大地电磁测深法(Audio-Frequency Magnetotellurics)。后者代表仪器为美国Geometrics公司的EH-4系统和德国的Metronix公司的GMS系统。从MT法中的张量测量简化为矢量测量,放弃了垂

直磁场分量 H_Z 的测量,使方法从"EH-5"简化为"EH-4"。

电导率连续成像系统具有如下特点:可利用天然场源和人工场源,综合了 CSAMT 和 MT 法各自的优点(杜荣光等,2006);仪器轻便,适用于地形、气候条件恶劣的山区使用;EH-4 既具有有源电磁法的稳定性,又具有无源电磁法的节能和轻便;观测频带宽从 0.1Hz 至 100kHz。最小探测深度由几米至最大探测深度 2000m。对二维构造反映比较逼真,能较真实地反映地质现象,工作效率高,不受通信条件约束,在现场能实时获得成像结果。EH-4 仪器设备轻,观测时间短,完成一个近 1000m 深度的测深点,大约只需 15~20min,这使它可以轻而易举地实现密点连续测量(首尾相连),进行 EMAP 连续观察。

EH-4 的测量频段为 10Hz~100kHz,其探测深度大致在 10~1000m。对于加强型发射源和配置了低频磁探头的 EH-4,其低频段可延伸至 0.1Hz,通常可达 1200m 以上至 1500m,特殊高电阻率地区,甚至可达到 2000m 以上。500Hz 以上用可控源发射,500Hz 以下利用天然地磁场。因此,EH-4 是天然和人工场源的双源型大地电磁测量仪。目的是加强高频讯号,增加采集数据的可靠性和提高分辨率。

EH-4 的方法原理与传统的 MT 法一样,它是利用宇宙中的太阳风、雷电等入射到地球上的天然电磁场信号(频率 10Hz~1kHz)作为激发场源,又称一次场,该一次场是平面电磁波,垂直入射到大地介质中。为了补充天然源信号频率的不足,采用了一对正交谐变磁偶极子来发射人工电磁波(频率 1~100kHz),专门用来弥补大地电磁场的寂静区和几百赫兹附近的人文电磁干扰谐波。由电磁场理论知,大地介质中将会产生感应电磁场,此感应电磁场与一次场同频率,引入波阻抗 Z。在均匀大地和水平层状大地的情况下,波阻抗是电场 E 和磁场 H 的水平分量的比值。公式如下。

$$Z = \left|\frac{E}{H}\right| e^{i(\varphi_E - \varphi_H)}$$

$$\rho_{xy} = \frac{1}{5f} |Z_{xy}|^2 = \frac{1}{5f} \left|\frac{E_x}{H_y}\right|^2$$

$$\rho_{yx} = \frac{1}{5f} |Z_{yx}|^2 = \frac{1}{5f} \left|\frac{E_y}{H_x}\right|^2$$

式中:f 为频率(Hz);ρ 为电阻率($\Omega \cdot m$);E 为电场强度(mV/km);H 为磁场强度(nT);φ_E 为电场相位;φ_H 为磁场相位(mrad)。此时的 E 与 H,是一次场和感应场的空间矢量叠加后的综合场。

在电磁理论中,把电磁场(E,H)在大地中传播时,其振幅衰减到初始值 $1/e$ 的深度,定义为趋肤深度(δ):

$$\delta = 503\sqrt{\frac{\rho}{f}}$$

趋肤深度随电阻率(ρ)和频率(f)变化。一般来说,频率较高的数据反映浅部的电性特征,频率较低的数据反映较深的地层特征。因此,在一个宽频带上观测电场和磁场信息,并由此计算出视电阻率和相位,可确定大地的地电特征和地下构造。

2. 工作方法

EH-4 电导率成像系统由发射系统、接收系统和控制系统三大部分组成(图 3-3)。其中发射系统主要由发射天线、发射机和控制开关组成;接收系统主要由前置放大器、电磁传感器及附属设备组成。仪器工作温度-20~400℃,存放温度-50~600℃。要避免阳光直接照射、受潮。长时间记录时,应使用12V、40A以上的电瓶。用发电机直流输出供电时,应并联电瓶。

野外工作前要进行仪器试验:①组织测区踏勘,了解施工条件,调查大地电磁信号有影响的干扰源及其分布情况;②收集或测定区内主要岩石电性参数,拟定测区地电模型进行正演计算,研究所需探测的主要电性标志层在大地电磁测深曲线上显示的特征,合理选择观测频段;③分析测区噪声水平,确定排除或减弱干扰源的措施,研究重复观测可能达到的精度,确定检查点误差。

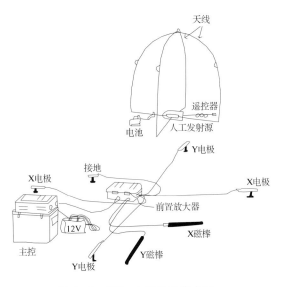

图 3-3 EH-4 野外工作方法

野外工作测线、测点布置:①测线与测点根据实际情况允许在一定范围内调整,面积测量测线的移动,在相应比例尺的图上不超过 0.5cm;路线测量测点挪动不超过 1/2 点距。②面积测量时,测区范围内发现有意义的异常应及时加密测线,至少应有 3 个测点(不同测线)在异常部位。③如因大地电磁测深曲线异常或失去连续性,必须加密测点。④测点不能选在山顶或狭窄的深沟底,应选周围开阔,至少是在两对电极范围内地面比较平坦相对高差与极距之比小于 10%的地方布点。⑤选点应考虑布极范围内地表土质均匀,点位不能设置在明显的局部非均匀体旁。所选测点应远离电磁干扰源,一般要求:离开大的工厂、矿山、电气铁路、电站 2km 以上;离开广播电台雷达站 1km 以上;离开高压电力线 500m 以上;离开繁忙的公路 200m 以上。⑥在进行面积测量时,测点剖面坐标和高程的测定,应采用实测(卫星定位仪或经纬仪观测)。在进行路线测量时,可在成图比例尺高 1 倍的大比例尺地形图上定点,但应保证在规定比例尺的图上,坐标偏差小于 1mm,高程误差不超过一个等高线距。⑦做完的测点,应埋设木桩,桩上标明测点编号、观测日期和施工单位。

观测装置的敷设:①十字形装置:水平方向的两对电极和两磁传感器(以下简称磁棒)分别互相垂直敷设,其方位偏差不大于 1°,水平磁棒顶端距中心点 8~10m。如两对电极和水平磁棒按正北(x)正东(y)向布置,垂直磁棒则应放在方位角 225°,距测点中心不超过 10m 的位置。②在施工中不适宜十字敷设时,可采用 L 型、T 型装置或斜交装置,其斜交角应大于 70°,方位偏差均小于 1°。③接收电极距应根据观测信号强度和噪声水平来确定,一般在 50~300m 之间选择,如测点周围地表起伏不平,应按实测水平距布极,极距误差应小于±1%。④电极接地电阻要求不大于 2000Ω。高阻岩石露头区应采用电极并联、电极周围垫土浇水来降低电阻。合金电极应将电极打入土中 2/3;不极化电极应埋入土中 20~30cm,保持与土壤接触良好,两电极埋置条件基本相同,不能埋在树根处、流水旁、繁忙的公路旁和村庄内,同时应避免埋设在沟、坎边。⑤应在观测前埋设好电极和磁棒,观测时如发现仍有不稳定的现象,应检查电极埋设质量和接地条件,经处理达到稳定再记录。水平磁棒入土深度为 30cm,用水平仪校准保证水平。⑥电极联线、磁棒联线及接入仪器前放盒的电缆均不能悬空,不能并行放置,每隔

3～5m需用土或石块压实,防止晃动。

观测:①仪器到达测点,电极、磁棒的布设连接工作就绪后,应检查:电道,磁道信号线与屏蔽层的绝缘度应大于1M;各信号线与地的电阻应大于1M;电极、磁棒、信号线的埋置和敷设是否符合要求。②观测记录前,应检查仪器与传输线连接是否牢固,仪器启动后应按仪器操作说明书进行各项测试,如噪声测试、增益测试、电极比较、极性比较等。观测时读入记录头段的各种参数,必须齐全正确。③一个测点上大地电磁的观测需连续进行,应选择干扰背景比较平静的时间记录。每个测点应达到完成地质任务必须观测的最低频率。每个频点应有足够的叠加次数,特别是低频段数据质量,如达不到要求应延长观测时间(叠加次数不得少于3次)。④在观测进程中,随时注意监视各道变化,如遇记录道反向、饱和、严重干扰等现象应及时补测。从监视屏幕上(或打印结果)分析视电阻率,相位曲线质量,如不符合设计要求,应进行重测。⑤一个测点观测完成后,应将数据转录到磁带上,一盘存档,另复制一盘用于资料处理。磁带盘上应贴标签,注明施工单位、测区、测线号、测点号、磁带编号、带的种类、组号、操作员姓名、日期等。操作员和测量员要认真填写工作记录和测点布置记录。要求字迹清楚,符号正确,没有涂改现象。

检查点的规定:检查点应是同一测点,不同日期,重新布极进行重复观测点。所作检查点,要求在测区面积内分布均匀,并应选在干扰相对平静的地区,不能集中在一段时间内。作检查点数不得少于全测区坐标点的3%。检查点与被检查点的全频视电阻率(ρ_{xy},ρ_{yx})曲线及相位(φ_{xy},φ_{yx})曲线,应形态一致,对应频点的数值接近,但经编辑、插值后与被检查点同一极化的均方相对误差(m)不应大于5%(即$m \leqslant 5\%$)。

野外期间仪器、设备的检测和维护:①仪器的标定(或数据合成测试),按仪器的要求定期进行,相邻两次标定结果相对误差不超过2%。同一测区如有两台或两台以上的仪器一起施工,应在同一点上,采用相同观测装置进行一致性对比,其中应有80%以上频点的相对误差小于5%。②野外工作期间,如遇仪器发生大的故障,又无法排除时,应当立即送回基地修理,不得自行拆卸。严禁用不正常的仪器进行观测。③野外应建立仪器检测、维修记录,详细记述仪器使用中出现的故障和排除故障的措施。④磁棒在搬运、埋设过程中应轻装、轻放,避免撞击。不极化电极应经常清洗,更换溶液,保持罐内有充足、饱和的电解液,要求极差小于2mV。

野外提交的资料:提交的原始资料有原始数据带(或软盘)、操作员工作记录、测点布置记录、点位测定记录;仪器一致性检查和标定结果,野外应根据不同仪器提交处理结果带(或软盘)及相应的全部或部分打印资料,包括视电阻率曲线和相位曲线、倾子振幅曲线、旋转主轴方位角、椭圆率、偏移度、相干度和其他信息。

野外资料质量评价:每个测点的视电阻率和相位4条曲线应分别进行评价,按级登记。全频电阻率曲线和相位曲线的质量评价分别为:Ⅰ级,85%以上频点的数据,标准偏差不超过20%,连续性好,能严格内插曲线;Ⅱ级,75%以上频点的数据,标准偏差不超过40%,无明显脱节(不超过3个频点)现象;Ⅲ级,不合格,数据点分散,不能满足Ⅱ级的要求。物理点质量的评价根据测区的噪声水平,可解决地质问题的程度,以及曲线的质量级别加以评定。

EH-4的反演方法有一维BOSTIC反演、Born近似反演、联合共轭梯度最小二乘法CGLS和快速系数反演RRI,通过应用平滑约束优化高斯-牛顿方法,以多次迭代逼近理想的解释成像。

3. 应用实例

中国科学院地质与地球物理研究所应用 EH-4 电磁系统在隐伏矿体定位方面进行了研究,以东天山镜儿泉葫芦岩浆熔离型铜镍硫化物矿床为例。镜儿泉铜镍硫化物矿床位于黄山-镜儿泉铜镍成矿带东部。矿区出露地层是中石炭统梧桐窝子组中酸性—中基性火山岩、火山碎屑岩,夹变粒岩、浅粒岩、片岩等,矿区断裂构造发育,北东东向镜儿泉-咸水泉断裂控制了基性—超基性岩体的形成和展布,矿体规模较大,主要为盲矿体,呈似层状产于辉石岩相的底部。具有上部贫矿、下部富矿的垂直分带特点,以贫矿体为主,矿体与围岩之间呈渐变关系。基性—超基性岩体的岩石具有三高一低(高重力、高磁异常、高激化率,低电阻率)的基本特征,一条垂直岩体走向剖面的电阻率-深度图及地质解译图(图 3-4)揭示出了岩体和地层的界限,以及各不同岩相之间的界限,同时大致划分出了含矿的辉石岩相及矿体赋存位置,得到了钻探结果的验证。

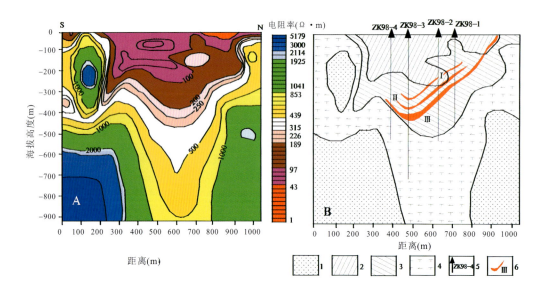

图 3-4　镜儿泉铜镍矿床 98 勘探线 EH4 测量剖面图(A)及地质解译图(B)
(据申萍等,2007)

1. 中石炭统桐梧窝子组;2. 橄榄岩相;3. 辉石岩相;4. 辉石闪长岩相;5. 钻孔及编号;6. 矿体及编号

申萍等(2007)在东天山卡拉塔格铜金矿化带,甘肃北山韧性剪切带型矿床运用 EH-4 法电磁测量,获得了较为满意的找矿效果。樊战军等(2007)在黑龙江森林覆盖区进行金矿找矿时,认为 EH-4 方法能清晰地反映厚的低阻覆盖层下的深部地质体和构造展布。贾长顺等(2008)在内蒙古白音诺尔铅锌矿开展的 EH-4 测量工作表明,该法能清晰反映矿区的褶皱构造和矿化带,为进一步找矿指明了方向。

沈远超等(2008)通过对 25 个金矿的 EH-4 工作进行总结后得出:对于火山晚期热液型金矿,该法能反映火山机构控矿的漏斗状形态,体现了矿体的垂向延深大于水平延长的成矿规律,矿化异常的电阻率较低;剪切带型金矿床,明显区分了矿化蚀变构造带和围岩,确认矿化异常在围岩中呈脉状分布;隐爆角砾岩型金矿床,清晰地反映了隐爆角砾岩体控矿所形成的对称矿(化)体,区分了隐爆角砾岩体和矿化蚀变带。

尽管 EH-4 方法有很多突出优点,但在工作中,还是要满足探测目标与周围围岩存在着明显的电性差异这一前提条件。在工作中,要尽量避开如高压电线之类的人文电磁干扰,使用人工可控电磁源时,当不满足远区条件时,要进行数据校正,以获得真实有效的观测数据。运用 EH-4 法时,还要加强对矿区矿床模型和成矿规律的研究,以有效指导地质解释。

(三)频谱激电剖面测量

1. 方法原理与特点

频谱激电(SIP)法是一种大功率人工源频率域激电测深方法。它以 4 个参数的异常来评判勘查对象的地质属性,即岩石的导电性参数 ρ_a、描述岩石 IP 效应全过程的 IP 效应强度参数充电率 m_a、IP 效应谱形态参数——时间常数 τ_a 和频率相关系数 c_a。其中 m_a 与岩石中可极化物质(如金属硫化物等可极化矿物)的含量正相关,τ_a、c_a 与可极化物质在岩石中的赋存状态,即岩石中金属硫化物等可极化矿物的矿化结构构造特征相关。其中 τ_a、c_a 还具有稀释作用小,即其异常随目标体埋深增大、减弱缓慢的特点。据此,使用 SIP 法可以解决以下地质找矿问题:①识别含碳质地层 IP 与金属硫化物 IP(按介质中极化物质的结构、构造和体积含量的差异来识别);②矿化背景中找相对富集体;③寻找深部隐伏矿与盲矿。

2. 工作方法

SIP 法工作装置,使用大功率 V8 仪器采集系统和大极距偶极-偶极剖面测深装置进行工作(图 3-5)。采用 12 道轴向非对称偶极-偶极剖面测深装置,为达到垂向探深区间 400~1000m 的覆盖要求,设计的装置参数为:偶极距 a =测线点距=50m;供电电极 AB 极距= Ka = $3a$ =300m(如深部 n>14,接收道讯号过小,AB 可增大为 $5a$ =500m);12 个采集道的隔离系数 n =6~17。该组参数的设计探测窗口深度区间为 h =400~950m,考虑到剖面探测深度窗口应尽量将勘查目标体置于其中间或偏上位置的原则,估计该设计探测窗口能控制目标体有效深度区间至少可达 h =500~850m。对于 AB= $3a$ 而言,一个 12 道排列点的首尾电极间排列长度(A-M13)= $21a$ =2100m(共 22 个电极点)。考虑到分辨能力和讯号大小,这是目前最佳的一组参数,该组参数能控制目标的有效深度区间为 500~850m,如需要继续加深只能增大 n(如使用 a =100m,AB=500m,n =7~18,h =550~1100m,h' =650~1000mm)。这样在增大探深的同时也会降低分辨能力,尤其是浅部。而且会大大增加施工难度,深部道 n>14 时接收道讯号会降得更低。一般测量频带:2^{-6}~2^8 Hz,在 2 的整数幂指数间加密一个频点。可据已知剖面试验结果进行调整,但所选频带中一定要有一组 2 的整数次幂频点。

布极测地工作:布极测地工作中测线电极点不能布设在变压器地线处、金属管道金属铠装电缆等人文金属设施上或其附近,理想电极点无法躲开时或在障碍区时,设计成偏离点或成有转角的测线,有转角的测线要保证每个观测道的发射偶极轴线和接受偶极轴线间的夹角小于30°;测线不能与高压输电线平行,无法避让时应尽量垂直穿过。每条测线的每个电极点都要有实际施测的大地直角坐标(x, y, z)。测线点(即电极点)点距=接收偶极距,测线点点号编号规则统一,并使相邻测线点点号步长与设计点距(即接收偶极距)成固定的倍数关系。实际布设的点距长短不一,由处理软件依据个别设计点号的实际坐标(x, y, z)来校正。

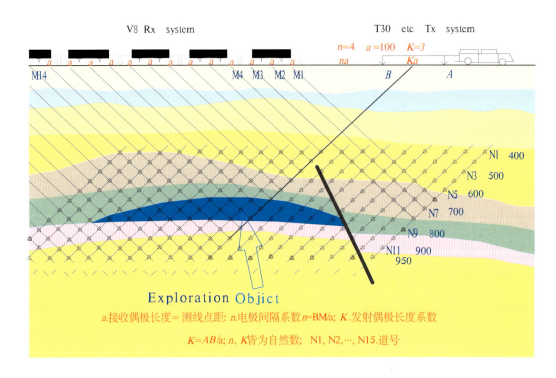

图 3-5 频谱激电(SIP)法野外测量工作方法

采集施工：布线应有详细的施工布极图，导线布设中供电电缆不能与接收电缆平行、重合布设，也不要交叉布设，所有电缆的连接头都要包好，不能碰地、碰植物，以免造成新增的漏电接地点。布极接地及电极处理要符合要求，接地电阻要小而且要长时间稳定。供电电极与接收电极的接地电阻要保证在每个排列工作时间内(20～60min)接地电阻的变化较小，特别是接收电极的接地电阻除了要始终稳定外，其大小要处理到小于 1kΩ 为好，而且要使各道的 DC 电位值保持基本稳定。

跑极：拟以滚动跑极方式完成 12 道轴向非对称偶极-偶极剖面测深采集施工，工作前要进行充分的物质设备(电极、电缆等)储备和必要的操练与培训。

采集监测：每个排列采集过程要注意实时查看各顺序道讯号大小(讯号棒长度)是否为有序排列，采集曲线是否正常，电流采集盒子是否一直工作，以便发现问题及时处理补救以保证采集质量。

质量要求与评价：频谱激电法布置 3% 的质量检查点(排列)，以两次观测谱[振幅谱 $A_s(f)$ 和相位谱 $\varphi_s(f)$ 曲线]的反演谱参数 ρ_a、m_a、τ_a、c_a 数值均方相对误差来衡量，各参数指标分别为：ρ_a：7%、m_a：10%、τ_a：20%、c_a：20%。利用均方相对误差公式计算。

数据处理与解释方法：①V8 数据格式转换；②视谱参数反演；③各剖面数据道足够多时，可考虑进行 2.5D 电阻率和 IP 参数的断面反演；④综合编图，编制 SIP 法 ρ_a、m_a、τ_a、c_a 参数综合剖面成果图及其他图件。

3. 应用实例

我国频谱激电的应用实例很少,应用于金属矿勘查的 SIP 方法在本研究之前尚没有公开发表的论文。安徽省勘查技术院(原地质矿产部第一物探大队)在频谱激电(SIP)技术的掌握与运用上处于国内、国际领先地位,完成过"IPS-3 型频谱激电法仪器系统消化吸收(1983—1985)""频谱激电法深部找矿理论和应用研究(1986—1990)""频谱激电(SIP)法在优选找矿靶区中的应用"等部控和国家攻关项目。并在频谱激电的基础上发展一种拥有自主产权的"大功率复电阻率测量(CR 法)"新技术,这种高密度几何测深方法采集到的频谱包含电磁谱和激电谱,具有测量参数多、分辨能力强、探测深度大的特点,所完成的"下扬子重点局部圈闭复电阻率法直接找油气方法技术的试验性应用研究(国家攻关 85-102-13-04-02-02)"处于国际领先水平。CR 法在前十几年主要应用于油气构造的含油气性评价,经验证孔统计,有无油气判断准确率高达 100%,工业油气和油气显示判断准确率高达 75%。近年该方法已应用于金属矿勘查,中国地质调查局在安徽庐江县龙桥铁矿组织的多种物探方法试验中,CR 法成果被认为最理想。近期在江苏省、江西省相继开展了深部找矿工作,经钻探验证均取得良好的深部找矿效果(图 3-6)。目前加拿大凤凰公司的 SIP 技术正是在 CR 法的基础上发展起来的。

(四)高精度磁法

1. 方法原理与特点

磁法是物探方法中应用最早、理论最成熟、效率最高、成本最低的方法之一。也是目前在矿产勘查中应用最多的一种方法,是一项基础性的地球物理勘查工作。自然界的岩石和矿石具有不同磁性,可以产生各不相同的磁场,它使地球磁场在局部地区发生变化,出现地磁异常。利用仪器发现和研究这些磁异常,进而寻找磁性矿体和研究地质构造的方法称磁法勘探。在地面进行的磁测称为地面磁测。地面磁测根据磁测精度的不同又分为精度低于 5nT 的中、低精度地面磁测和精度高于 5nT 的高精度磁测。20 世纪 80 年代以后,磁力勘查进入了高精度磁法勘查技术的新阶段(齐文秀等,2005)。

高精度磁法可用于地质填图、普查找矿、勘探磁铁矿等。在找矿工作中,常可以用这种方法寻找与磁性矿物(磁铁矿、磁黄铁矿等)共伴生的各种金属、非金属矿物。高精度磁法测量,还可以有效地探测隐伏断裂构造、岩体接触带构造和火山机构等,常常是一种间接的找矿方法。由于高精度磁法仪器轻便,数据处理方便,可现场圈定异常,常常是大比例尺成矿预测和矿产勘查的先行手段。

高精度磁法仪器主要有美国 Geometrics 公司的 G-856、加拿大 Scintrex 公司的 MP-4 高精度质子磁力仪;仪器灵敏度为 0.1nT。中国地质调查局航空物探遥感中心研制并生产了 HC-95 型地面氦光泵磁力仪,分辨率为 0.05nT。其中 G-856 高精度磁法仪器能自动记录总磁场强度模量(T)的磁场值以及其他相关数值。仪器精度 0.2nT,分辨率 0.1nT,自动观测日变,自动记录点线号,时间观测提示,提示修正错误信息,具有电子存储器,能储存野外磁测数据,旁侧干扰较小。由于仪器具有高灵敏度、高分辨率,因而能有效地探测到低弱磁异常,对寻找埋藏较深的原生矿具有良好的地质找矿效果。

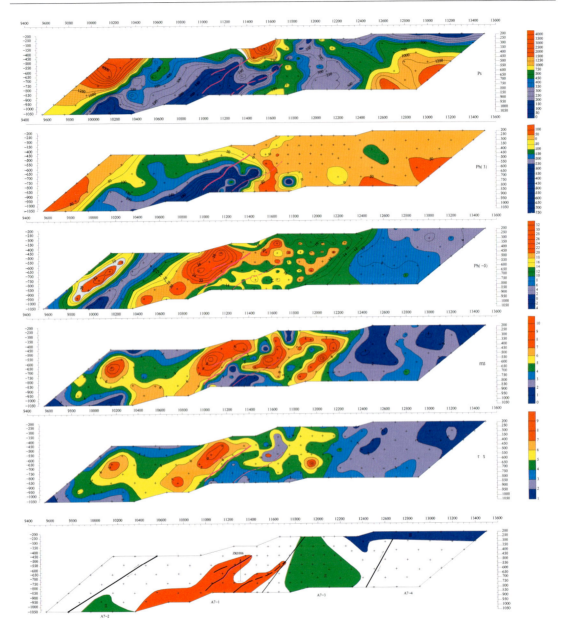

图 3-6 南京冶山铁矿 CCR2006-A7 线复电阻率(CR)法剖面图

(徐善修,2006)

上两个断面为电磁谱参数图,下三个断面为激电谱参数图,地质剖面中红色区为蚀变带

2. 工作方法

工作时设立一个基点作为全区的异常起算点,设立多个基点时则要进行基点联测。建立一个日变站,以获得进行日变改正的数据。采样时间间隔为10s,与野外使用的观测仪器做到秒级同步。测点观测闭合基点时间小于12h。测地工作利用高精度GPS建立的全区统一GPS控制网,标定手持式GPS定点点位偏移小于设计距离20%。工作规范为《地面高精度磁

测技术规程》(DZ/T 0071—1993)。

3. 应用实例

在甘肃省筏子坝火山沉积-热液改造铜矿的找矿工作中,高精度磁法测量是一种有效的方法。矿区地层由中—浅变质的绿色火山岩系(绿泥片岩类)和浅色正常沉积岩系(绢云母片岩类)组成,前者包括绿帘绿泥片岩、绿泥绿帘片岩、绿泥石英片岩等,后者包括绢云石英片岩、绿泥绢云石英片岩及绢云母片岩。矿区无大规模侵入岩,但火山岩十分发育。矿石与周围围岩具有较大的磁性差异,其中含铜磁铁石英岩型矿石、块状黄铜黄铁矿型矿石具强磁性[$k=(44\ 308\sim399\ 722)\times10^{-6}$];含铜绿泥片岩型矿石呈弱磁性($k<5000\times10^{-6}$);磁铁石英岩呈中等—强磁性($k=63\ 033\times10^{-6}$);绿泥片岩类呈弱磁性($k<5000\times10^{-6}$),而磁铁矿化绿泥片岩类呈中等磁性[$k=(11\ 049\sim19\ 890)\times10^{-6}$]。绢云母片岩类呈微磁或无磁性($k<500\times10^{-6}$)(杨礼敬等,2003)。

使用灵敏度为1nT的IGS^{-2}/MP-4质子磁力仪,在矿区进行了高精度磁法勘查。高精度磁测获得的异常带和矿带的展布基本一致。从平面图上看,异常带矿体展布一致(图3-7)。

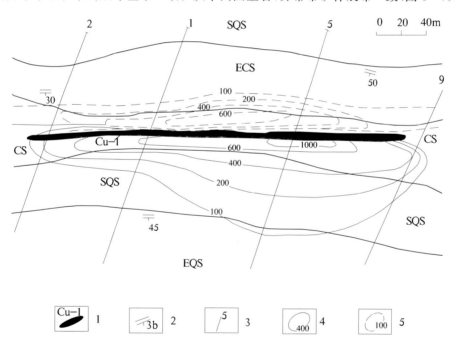

图3-7 筏子坝铜矿Ⅰ号矿体磁异常平面图
(据杨礼敬等,2003)

1.铜矿体;2.片理产状;3.勘探线及编号;4.正异常等值线;5.负磁异常等值线;
SQS.绢云石英片岩;EQS.绿泥石英片岩;CS.绿泥片岩;ECS.绿帘绿泥片岩

从Ⅰ号矿体的5号勘探线剖面图(图3-8)可以看出,矿体位于正负异常的交替部位,倾向梯度变化小的正异常方向。因此,根据高精度磁法的平面测量和剖面测量,在平面上可以大致圈定矿体的延伸范围、走向等,其磁法剖面能判别矿体的倾向。因此,大比例尺的高精度磁法测量工作对于控制磁性体的产状效果明显。

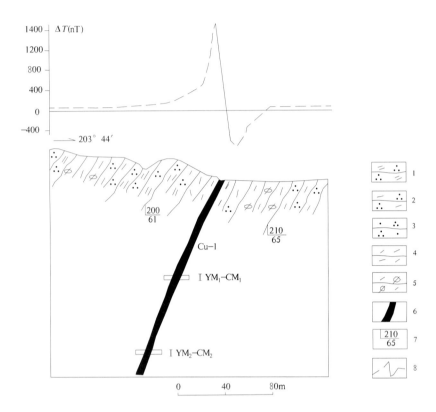

图 3-8 筏子坝铜矿 I 号矿体 5 号勘探线剖面图
(据杨礼敬等,2003)
1. 绢云石英片岩;2. 绿泥绢云石英片岩;3. 绿泥石英片岩;4. 绿泥片岩;
5. 绿帘绿泥片岩;6. 铜矿体;7. 片理产状;8. 磁测曲线

三、勘查地球化学方法研究进展

地球化学勘探以地球化学理论为基础,通过系统地研究地球岩石圈、水圈、气圈、生物圈中各种化学元素的分布、分配及其含量变化,来了解地质情况,指导找矿。具体方法中,地球化学勘查需要系统地测量天然物质中的地球化学性质,发现与矿化或矿床有关的地球化学异常。化探方法可分为岩石地球化学测量、土壤地球化学测量、水系地球化学测量、水地球化学测量、气体地球化学测量以及植物地球化学测量。近 20 年来又发展研究了同位素地球化学探矿、航空地球化学探矿以及海洋地球化学探矿等方法。在区域性地质调查工作中,常用的方法为水系沉积物测量、土壤地球化学测量等方法,而在大比例尺的找矿靶区解剖中,则常常需要对原生晕进行研究,岩石裂隙地球化学测量(渗滤晕测量)即是有效的方法。20 世纪 80~90 年代诞生一系列寻找隐伏矿地球化学新方法,如电地球化学法(CHIM)、元素有机质结合形式法(MPF)、地气法(GEOGAS)、金属活动态测量法(MOMEO)、酶提取法(ENZYME LEACH)、活动金属离子法(MMI)、地球气纳微金属法(NAMEG)、离子测量系统(IONEX)等(王学求,2008),一些深探测的地球化学与分析技术如表 3-2(据施俊法等,2008 修改)。

表 3-2 深探测地球化学与分析技术

技术名称	勘查深度	应用领域
选择性提取	探测深度可达数百米,活动态金属离子法 700m,酶提取 900m,金属活动态测量法至少探测 300m	找深部矿或隐伏矿
地电化学找矿	探测深度 500m 以下,包括 150～200m 浮土下的有色金属等矿床及 1400m 以下的石油天然气	有色金属和油气矿床
岩石裂隙地球化学测量	数百米乃至千米以上	热液矿床、斑岩型、岩浆型矿床
气体地球化学测量	几百米至 1000m 深的隐伏矿	金、铜、多金属矿床
水地球化学测量	500m 以下或更深	块状硫化物、斑岩、岩浆型及金矿
同位素地球化学测量	取决于工作环境	已知矿床深部及油气
现场快速分析	取决于钻探深度	面积测量,矿区三维原生晕测量

(一)岩石裂隙地球化学测量

1. 方法原理与特点

热液矿床的形成是含矿热液沿岩石裂隙通道运移、沉淀的结果。含矿热液在有利的构造、岩性环境中沉淀成矿的同时,残余热液继续沿裂隙流渗、扩散,在围岩中形成了矿体(床)四周的原生晕。这种矿体(床)四周的原生晕称之为渗滤晕。渗滤晕受裂隙控制,晕中元素向上流渗扩散的距离可达数百米乃至千米以上。因而,热液矿床岩石测量工作的采样,应注意采集裂隙充填物的样品。根据岩石测量所探测到的原生晕特征,可指导隐伏矿的追溯。

Boyle(1982)提出,在普查和圈定隐伏矿化时,渗滤晕是特别重要的,并强调指出,分析研究形成渗滤晕的物质并不过分。应注意在所有剪切带、裂隙扭曲带和蚀变带上采样,分析拟找盲矿的成矿元素及其伴生(指示)元素。Boyle 认为,只有这样做,才能观察到岩石中的原生模式。

Govett(1983)在评述岩石测量方法时曾指出:在岩石测量工作中,所采的样品应是岩脉物质、裂隙充填物和似碧玉岩,而不是采取围岩岩块,因为这类物质是代表着矿化事件的通道系统。这种采样方法显然是符合逻辑和有效的。

2. 工作方法

按工作比例尺和裂隙发育程度确定采样网格(面积测量)或采样点距,在网格正交点或剖面采样点周围一定范围内搜索、多点刻取裂隙充填物,搜索半径可考虑为网格距、测点间距的 1/3。

3. 应用实例

Crone 等(1984)在美国内华达州平桑矿区和普富布尔金矿区做了裂隙和岩石碎片样品的对比研究。获得的结果表明,金矿床上方围岩"裂隙敷膜"样品中 Au、Ag、Hg、Sb 的平均含量要比围岩碎片高出几倍至几十倍。

20 世纪 70 年代初,谢学锦和邵跃等(1972)在安徽铜陵地区的宝山陶矿区进行了裂隙采样的试验工作。宝山陶地区发育的是矽卡岩型铜矿,地表出露三叠系大理岩与灰岩,大理岩中各种成矿元素和指示元素的含量很低,采集岩块样品基本未发现任何异常。但该区裂隙发育,说明有热液活动的迹象。系统采集裂隙样品,发现裂隙中铜等元素的含量非常高,圈定的异常分带清楚,经钻探验证,在深部发现矽卡岩型铜矿。该项技术还在福建紫金山斑岩铜矿、浙江诸暨铜岩山、安徽滁州等地开展了试验,均取得非常好的效果。

(二)深穿透地球化学方法

1. 综述

深穿透地球化学的概念产生于1997年第十七届国际化探会议,深部含矿信息向地表迁移、赋存有电化学迁移模型,以地下水、电化学和地震泵为主的综合模型,综合气体迁移模型,还原卤模型,以地气流为主的多营力接力迁移模型等,以多种形式在不同介质中赋存的深部隐伏矿或地质体发出的直接信息,具有来源深、穿透力强、信息微弱和异常衬值大的特点(王学求,2008)。以下综述部分深穿透地球化学方法(尤宏亮,2005;张祥年等,2007)。

1)金属元素活动态测量方法

20世纪90年代澳大利亚研制了活动态金属离子法(MMI)。在地下水、电场、地气流、蒸发作用、浓度梯度、毛细管作用等营力的作用下,与矿有关的超微细金属或金属离子或化合物迁移地表被上覆土壤或其他疏松物的地球化学障所捕获,在原介质含量的基础上形成活动态叠加含量,用适当的提取剂将这些元素叠加含量提取出来,从而达到寻找隐伏矿的目的。活动态形式主要有:①离子状态;②各种可溶性化合物和络合物形式;③可溶性盐类;④胶体形式吸附在土壤颗粒表面;⑤呈离子或超微细颗粒吸附在黏土矿物表面,或呈可交换的离子态存在于黏土矿物之中;⑥不溶有机质结合形式;⑦呈离子或超微细颗粒吸附在矿物颗粒的氧化膜上。

金属活动态提取方法技术有水提取态金属(WEM)、吸附和可交换金属(AEM)、有机质结合金属(OBM)、氧化物包裹金属(FFM)。一般分析一种或几种主要元素:金矿分析Au、Ag、As、Sb、Hg等,多金属矿分析Cu、Pb、Zn、Ag、Au等,铜镍硫化物矿床分析Cu、Cr、Ni、Co、Pb、Zn、Fe、Mn等,铂族矿床分析Pt、Pd、Ir、Cu、Ni、Au等。

2)电地球化学方法

电地球化学方法(CHIM)是苏联学者在20世纪70年代提出的。他们认为地球上存在规模不同的套合的电地球化学场。这种场是导致元素的一部分(百分之几至百分之零点几)活动化的原因,因此将元素的活动化迁移归结于电化学迁移。CHIM法是利用人工电场来将土壤中呈活动态的金属离子提取并沉积在电极上。苏联一些学者认为人工电场是驱使金属离子从深部上升的动力,为加大探测深度,他们使用需要大卡车装载的大功率发电设备。而中国和美国的一些学者认为人工电场的作用是有限的,人工电场是不可能将几百米深部矿物质提取到地表来,人工电场只不过是驱使早已被其他营力迁移至地表土壤中的金属离子沉积在电极上而已。

中国地质科学院物化探所研制了一套轻便实用型分离式电地球化学采样系统。该技术系统将供电极与元素提取器在有限的距离上固定下来,保障了电场能量集中作用在有效提取域内,使系统的轻便化成为可能。每个测点上以元素电提取器为核心,用干电池为能源。电池的正、负极通过导线分别与供电极(置于地表)和元素提取器(埋于土壤中)相连,使得元素提取器和供电极之间的土壤介质受到持续电场作用。由于每个测点自成独立的工作回路,测点之间具有技术分离性。这种测点分离的技术形式使电提取技术摆脱了仅局限于大比例尺勘查的限制。

3）地气地球化学方法

20世纪80年代,地气流对地下物质组分垂向搬运的假说,瑞典学者Kristiansson等开发了地气法,通过捕集并测定地下上升气体中成矿与伴生元素来预测隐伏矿。80年代末童纯菡开展了相同方法的研究,1997年的地气纳米存在形态的实验观测结果有力地支持了地气异常物质通过地气流垂向迁移的设想。谢学锦和王学求等(2003)提出的深穿透地球化学理论及其迁移模型,认为异常物质向地表的迁移可能存在一种多应力接力迁移模型。随着隐伏矿勘查形势发展,谢学锦(1988)基于地气法提出了用于区域隐伏矿普查的地球气填图理论。

有静态和动态两种采样方法,Kristiansson和童纯菡(1988)的静态法使用聚苯乙烯薄膜塑料吸附地气物质,有利于气候多变环境下进行地气勘查实验,但采样时间长、采样器回收率低。伍宗华、刘应汉与汪明启(1993)等分别研究了地气物质固体捕集介质的特点和液体捕集剂,极大提高了捕集效率。王学求等(1995)设计了地气动态采样装置及方法,实现了高速采样、液态介质高效捕集。

地气样品测试方法主要有质子激发荧光光谱分析(PIXE)、中子活化分析(INAA)、无火焰原子吸收光谱(AAS)和等离子质谱(ICP-MS)。PIXE、INAA和AAS等方法由于各具缺点而受限制,ICP-MS法由于高灵敏度,同时测定元素多及适用于液体介质测定等特点而成为地气实验效果提高的关键分析方法。然而,高效捕集介质的液体形式限制了其在埋置采样方法中的应用,动态采样中引入误差上升为技术问题。

4）热释汞量法

热释汞量法的基本原理是利用汞及其化合物特有的地球化学性质。一方面,汞是典型的亲硫元素,在内生成矿作用中大都以类质同象或呈机械混入物的形式进入其他的硫化物中,或呈硫汞络阴离子形式与其他亲硫的元素一起存在于成矿溶液中,使汞呈高度分散状态;另一方面,汞及其化合物均有很高的蒸气压,为最易挥发的金属元素。因而,汞易于从各种化合物还原成自然汞。自然汞在相当宽的氧化还原电位和酸碱介质内是稳定的,具有较强的穿透力,汞蒸气一般由地下深部沿着构造断裂、破碎带上升,从几百米下甚至几千米一直到达地表。即使疏松覆盖物较厚,地表土壤中仍有汞的异常显示。

汞分析技术主要有原子吸收法、中子活化法和原子荧光法等。以原子吸收性测汞仪的应用在国内最为广泛,该类仪器具有适用性强、稳定性好、适用于各类介质中汞的测定等优点。热释汞量法一般用于测试固体样品,直接加热释放汞,然后用原子吸收测汞仪进行测定。国内应用较广的RG-1型热释汞仪,属于单光束单波长冷原子吸收型仪器,其突出特点是直接热解土壤样品和抗干扰气体。样品重 $40\sim100\mu g$,操作只需将样品置于热解炉,计算机将自动完成控制与分析过程。每分析20~30个样品后插入标准样品以监控仪器的灵敏度变化。

2. 应用

应用深穿透地球化学方法在国内外已知著名大型或巨型矿床进行的试验取得了良好效果,国外有Cameron等在智利的Spense隐伏斑岩铜矿,Hall在Cross湖太古宙VMS锌铜铅银矿床的化探方法研究。

1994年,谢学锦等在穆龙套金矿进行了战略性(MOMEO)方法试验,效果显著。1995年,王学求等在奥林匹克坝的试验,不仅在已知的奥林匹克坝巨型矿床上方发现清晰的异常显示,还圈出了一处新的异常靶区,并被西部矿业公司(WMC)的钻探所证实(图3-9)。王学求等

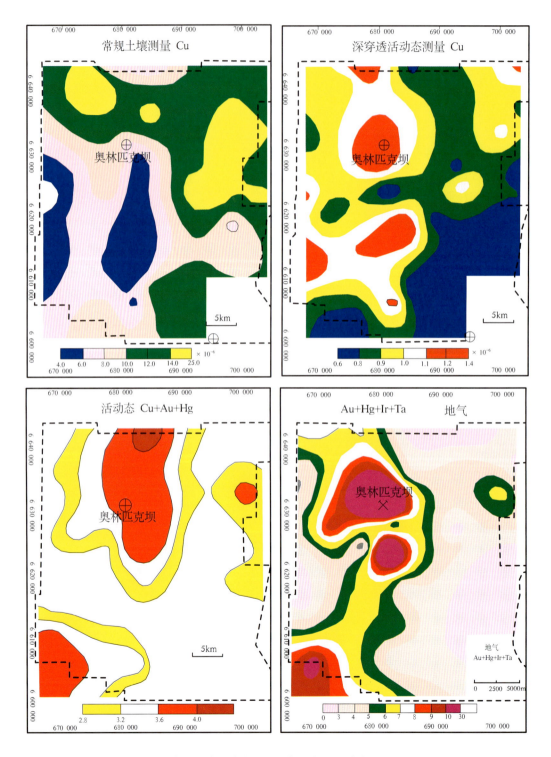

图 3-9 奥林匹克坝常规土壤地球化学测量与深穿透活动态、地气地球化学测量对比图

（据王学求，2008）

(2005)在东天山进行的 15km² 低密度深穿透地球化学调查,发现深部含矿信息主要赋存在碱性地球化学障和氧化地球化学障中,使用提取碱性蒸发盐类中的金属元素和提取氧化物膜中的金属元素可以有效地识别含矿信息。制作了 20 余种元素地球化学图(图 3-10),填补了东天山大部分地区地球化学空白。新发现远景 Cu、Au、W、U 异常十几处,其中发现东天山北带和土屋南带大规模 Cu 异常,对今后整个东天山矿产勘查的战略部署具有重要意义。

王学求等(2005)在新疆金窝子金矿区,进行金属活动态提取和电地球化学两种深穿透地球化学方法对比试验,表明这些方法可以在隐伏矿上方有效地发现异常(图 3-11)。

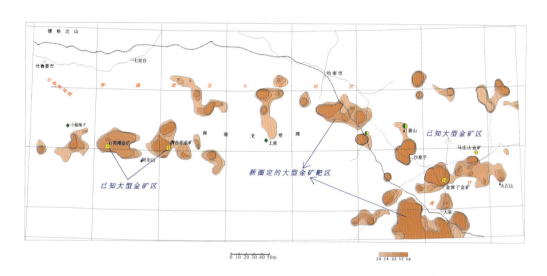

图 3-10　新疆东天山-北山金地球化学图
(据王学求,2008)

聂兰仕等(2007)选择山东大尹格庄金矿,开展金属活动态测量、地球气测量、地电化学测量和土壤全量测量方法的有效性试验,结果显示在埋深达 300m 的隐伏金矿体上方有较明显的地球气、水提取与地电化学 Au 异常,土壤全量测量只在蚀变带头部有所反映(图 3-12)。金属活动态 Au、As 等呈明显的双峰模式,分别对应蚀变带和矿体垂直投影的位置,而中间的低值带正好是矿体头部投影的位置,符合元素地电化学迁移模式。地球气测量 Au 异常也出现在蚀变带头部和隐伏矿体的垂直投影位置,前缘元素 Ag 分布于 Au 矿床地球气异常的头部。钻孔原生晕测量发现在矿体正上方具有串珠状的 Hg 异常,证明在矿体上方存在一些微裂隙,断裂和微裂隙是气体运移的重要通道。地电化学 Au 异常在矿体正上方,同时伴随有 Ag、Pb、Zn 等元素异常。在山东招远这些覆盖区,金属活动态测量的效果和稳定性要好于地电化学测量,地球气中的 Ag 对断裂的指示作用很强。从 4 种方法的对比结果来看,3 种深穿透地球化学的效果都非常好,全量测量的效果较差,显示深穿透地球化学方法在隐伏矿勘查中的良好应用前景。

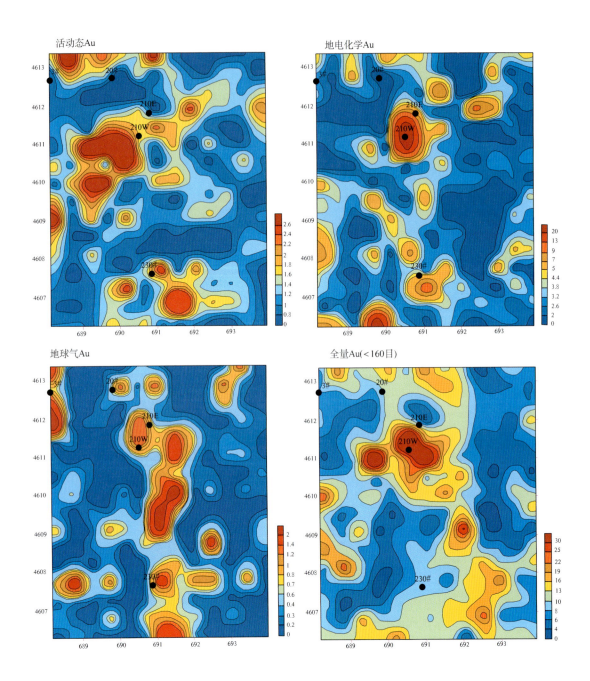

图 3-11 金窝子金矿 4 种方法圈定的地球化学异常对比图

（采样网格 500m×500m）

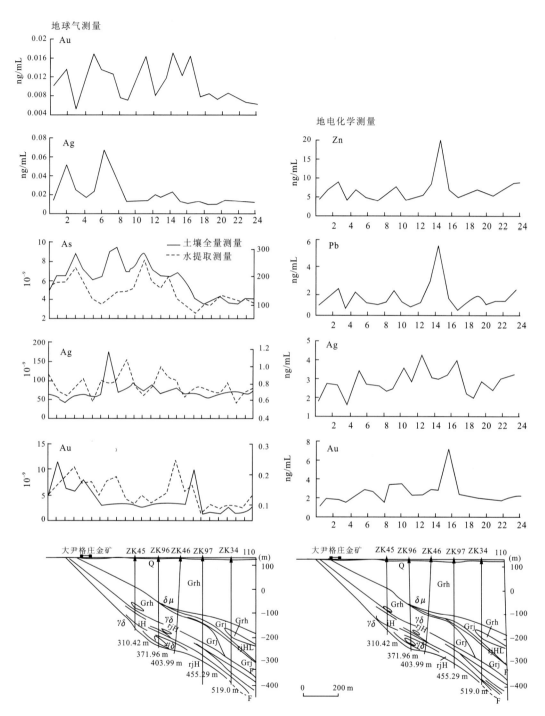

图 3-12 山东大尹格庄金矿不同方法地球化学测量效果对比剖面图

Q. 第四系；Grh. 混合质黑云斜长变粒岩；γδ. 花岗闪长岩；γμ. 闪长玢岩；Grj. 斜长角闪岩；
rjHL. 黄铁绢英岩化花岗闪长质碎裂岩；rjH. 黄铁绢英岩化花岗闪长岩；jH. 黄铁绢英岩

第二节 木桐沟地区矿产勘查技术方法研究与矿体定位预测

本次矿产勘查技术方法研究的工作思路是:一方面在选定的矿产预测区,通过一定技术路线和综合勘查技术方法试验的相应工作预测定位矿体;另一方面与相关项目紧密结合,通过钻探验证综合勘查技术方法的有效性,力争取得成功的实例,以期赋予研究成果在当前深部找矿工作中的示范属性。有关1∶5万大比例尺成矿预测已达到预测矿床尺度,预测区面积很小,可谓找矿靶区。

一、马渠沟靶区

1. 地质概况

马渠沟靶区处于拐峪向斜的南翼,自南向北、由老到新出露中元古界蓟县系官道口群巡检司组(Pt_2x)、杜关组(Pt_2d)、冯家湾组(Pt_2f)、白术沟组(Pt_2b)和寒武系韩村组—下楼村组($\epsilon_{1-2}h—\epsilon_{1-2}xl$)(图3-13)。组成地层的岩石以白云岩为主体,夹碳质板岩:巡检司组,为中厚层状细晶白云岩与含硅质薄层细晶白云岩互层;杜关组,系内碎屑白云岩、薄层细晶白云岩、泥晶白云岩;冯家湾组,岩性为燧石条纹微晶白云岩、片理化细晶白云岩;白术沟组,由一套厚层碳质板岩组成;韩村组—下楼村组,为绿泥千枚岩、碳质千枚岩夹白云岩透镜体。

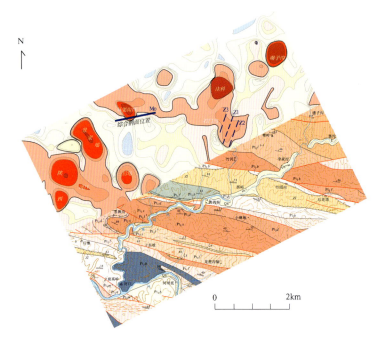

图3-13 拐峪预查区地质(下)及Mo地球化学图(上)

$Pt_2l.$ 龙家园组;$Pt_2x.$ 巡检司组;$Pt_2d.$ 杜关组;$Pt_2f.$ 冯家湾组;$Pt_2b.$ 白术沟组;
$Zl.$ 罗圈组;$\epsilon_{1-2}h—\epsilon_{1-2}xl.$ 韩村组—下楼村组

靶区处于北西西、北东和北偏东方向断裂的交汇部位。内主体构造轴迹为北西西走向断层，断层倾向北北东，倾角 42°～75°，系平行拐峪向斜轴面的纵向断层。与北西西向断层相伴一组破劈理或多次活动的碎裂岩，沿断裂面时常发育褐铁矿染或分布透镜状铁帽，牵引褶曲及构造透镜体与断面的锐夹角指示断层的逆断层属性。从重磁梯度带、地球化学异常带和遥感线性构造看，沿北东走向的索峪河可能存在晚期北东向断裂。一组北偏东的线性构造对应索峪河两侧羽状水系，亦可能是断裂的表现，其中经过马渠沟口的北偏东走向铁染、羟基异常带，可能代表较大规模的断裂与（隐伏）岩墙的存在。

在对异常踏勘检查时发现马渠沟口处蚀变花岗斑岩露头，出露面积仅数平方米，可能呈近南北走向。岩石强高岭石化或褐铁矿化，肉眼仅见少量细粒石英，围岩白云质灰岩具弱的矽卡岩化蚀变。等离子体质谱法（ICP-MS）和 X 荧光光谱法（XRF）分析结果如表 3-3，岩石矿化度和岩浆射气元素含量很高，硅酸盐成分反映泥化带特征。

表 3-3　马渠沟口泥化花岗斑岩分析结果表

Sc	Co	Ni	Cu	Zn	Zr	Nb	Mo	Sb	Hf	Ta	W	Pb	Bi	Th	U
ICP-MS($\times 10^{-6}$)															
31.7	52.49	109.4	46.6	185.3	726.9	25.1	281.19	2.38	19.3	1.88	5.12	46.6	0.14	10.8	4.6

Ag	Cd	Au	SiO_2	Al_2O_3	MgO	K_2O	Fe_2O_3	CaO
ICP-MS($\times 10^{-9}$)			GFFA(%)					
428	1322	1.4	35.26	38.32	2.61	0.28	7.52	5.81

2. 勘查技术方法选择与技术路线

基于所建立的斑岩-矽卡岩型钼钨矿床地质概念模型，解决是否存在花岗斑岩体，是否存在硫化物，是否存在隐伏矿体引起的原生晕，是选择物化探方法的出发点。

在起伏大的山区，并且是以碳酸盐岩地层为主体的高阻区，目前可获得大测深高分辨地质断面的物探方法首选电磁法（CSAMT、EH-4），常规高密度电阻率法因地改误差、高阻屏蔽和测深小的原因不适用。花岗质岩体与白云岩的视电阻率差别不大，理论上致密完整的白云岩较花岗岩的电阻率更高，两者视电阻率的相对高低取决于白云岩的纯度、其他成分的条带、裂隙发育程度等地质环境情况。通常情况下，碳酸盐岩地层裂隙发育、含水并夹有较低视电阻率层，特别是花岗岩的侵位造成碳酸盐岩地层的破碎与蚀变；这种情况下，晚期侵入的花岗岩因结构相对完整而视电阻率更高，并且两者之间因矿化蚀变往往可有低阻带分隔，特别是均质侵入体与层纹状变形地层有着完全不同的视电阻率影像；因此采用 CSAMT 或 EH-4 方法可识别碳酸盐岩地层中花岗质侵入体。

含有金属光泽矿物的岩石附近 IP 效应最强，在浅部寻找浸染状硫化物方面，目前 IP 测量仍是传统有效的手段。但如 20 世纪初德国人在发现 IP 响应时指出的那样，没有意义的背景效应几乎湮灭了矿化引起的响应。几十年来的大量实践证明，在含炭（碳）地层区开展 IP 测量仅对寻找碳质或石墨富集部位有用。近 10 年推出的双（复）频 IP 也无法在含炭（碳）地区鉴别硫化物引起的 IP 效应，频谱激电（SIP）成为包括研究区在内的含炭（碳）地层区唯一可选的激电手段。

在河南省地球化学景观条件下多年的实践表明,传统的岩石地球化学测量效果远不如土壤地球化学测量。研究区土壤不发育,裂隙地球化学测量成为最适合的地球化学测量手段。

通过以上有关研究区勘查技术方法的适用性讨论,提出本区矿体定位预测适用的技术路线是:首先通过地质、电磁法(CSAMT 或 EH-4)剖面或面积测量,基于不同地质体电阻率的差异和有关物探方法的分辨率,获得靶区深部地质结构、构造的认识,鉴别、定位可能存在的隐伏花岗质岩体;同时进行裂隙地球化学剖面或面积测量,研究原生晕的结构,判别其地球化学属性;在初步论证存在可能的成矿部位及其深度范围的前提下,进一步开展一定深度的 SIP 剖面测量,佐证深部存在矿化的可靠性;最终通过钻探验证发现矿体或总结失败的原因。

3. 矿体定位预测工作布置

矿体定位预测通常有两种技术工作方案:①采用地质、地球物理、地球化学综合剖面对平面综合异常进行解剖,进行异常地质体空间定位和推断解释;②开展不小于1:1万比例尺的地质、地球物理、地球化学填图,取得有效的各类空间数据,进一步分解、定位有意义的异常;并通过系统的综合测深断面,实现立体地质填图和三维矿体预测。无论采取哪种精度的工作方案,技术方法的适用性、有效性及其综合运用是解决预测问题的关键。受研究周期和经费的限制,我们采取了第一种研究方案。

4. 综合方法勘查及解释

按照上述技术路线已经开展了一条地质-EH-4-裂隙地球化学综合剖面(图 3-14)。

从综合剖面看,剖面中西部深 150m 以下存在明显的高阻体。该剖面位置地表白云岩中一组北东走向的断层及裂隙发育,断层与裂隙中分别存在铁帽或铁染,其电阻率应相对完整的花岗岩体为低。结合高阻体上方北偏东走向蚀变花岗斑岩墙的出露,高阻体是花岗斑岩体的可能性较大。高精度磁法剖面在该范围内亦表现为 ΔT 值明显升高,而白云岩的磁性是相当低的,可能是由蚀变产生的磁性矿物(磁铁矿、磁黄铁矿)引起。在高阻体下方的低阻带可能为断层引起,对应北偏东走向断裂。

裂隙地球化学剖面测量表明:与花岗岩类有关的地球化学元素 La、Rb/Sr、Rb 在高阻体上方异常强度大,套合程度高;Mo、W、Cu、Zn、Pb、Ag、Sb 异常发育,元素分带为 Mo、W-Pb、Zn-Cu、Ag、Sb;具有典型斑岩型-矽卡岩型矿床的分带特征。剖面东端 Rb/Sr、K_2O 及除 Sb 外的其他元素含量明显升高,此处紧邻倾向北的近东西向逆冲断层,可能反映构造地球化学异常特征,深部情况有待进一步查证。

5. 结论

马渠沟口靶区地质、EH-4、高精度地磁、裂隙地球化学剖面特征互为印证,指示存在隐伏斑岩-矽卡岩型钼钨矿的可能性很大。实际上,地表蚀变花岗斑岩光谱样 ICP-MS 分析钼含量已达 0.028%,接近钼矿边界品位。应进一步开展不小于1:1万比例尺的地质-高精度地磁-裂隙地球化学面积测量工作,在系统进行 CSAMT 或 EH-4 剖面测量之后布置 SIP 测深剖面,在充分定位隐伏岩体产状的基础上系统钻探验证。

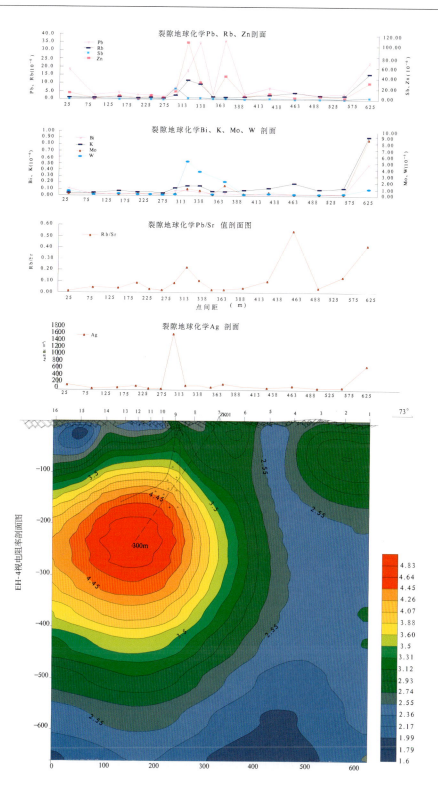

图 3-14 马渠沟口综合地质剖面图（附钻孔设计）

二、石门沟靶区

1. 地质概况

石门沟靶区与马渠沟口靶区同处在拐峪向斜的南翼（见图 3-13），并处在两条向北缓倾的近东西走向逆冲断裂之间。出露地层自南向北为官道口群巡检司组（Pt_2x）、杜关组（Pt_2d）、冯家湾组（Pt_2f）和白术沟组（Pt_2b）。南部地层主要由白云岩组成，夹碳质板岩；北部白术沟组主要为厚层碳质板岩。沿冯家湾组与白术沟组之间的近东西走向逆冲断层中断续分布褐铁矿铁帽，断层东部有一处见孔雀石。区内未见岩浆岩出露。

2. 矿体定位预测工作布置

采用与马渠沟口靶区相似的勘查技术方法与技术路线，按大致 200m 剖面间距布置了 3 条地质-EH-4-高精度地磁-裂隙地球化学综合剖面（位置见图 3-13）。其中一条剖面同时开展了 CSAMT 测量，以对比 EH-4 与 CSAMT 测量的效果。

3. 综合方法勘查及解释

如图 3-15，CSAMT 剖面高分辨反映了地质断面的结构与构造。剖面北北东端低阻体为白术沟组碳质板岩的向形形态，向南冯家湾组与杜关组之间亦存在电阻率差异，白术沟组与冯家湾组之间的电阻率梯度带对应地表出露的断层。关于剖面中下部的高阻体有两种最为可能的解释：①为杜关组下部巡检司组的白云岩，反映了剖面图中的断层与南部（出图）另一条平行的近东西走向逆冲断层之间的区域性剪切褶皱。②花岗斑岩体。如为剪切褶皱，电性剖面反映的褶皱形态尚缺乏协调性；本区地层以同斜褶皱的形式北倾，这种南倾的不规则形态是岩体的可能性为大。

与 CSAMT 剖面位置重合，并左右各约 200m 的 EH-4 剖面，反映与 CSAMT 剖面相同的地质结构（图 3-16）。EH-4 联合剖面中的不规则高阻体，指示其最大的可能为隐伏花岗质岩体，岩体根部在西部 Z3 线及以西。比较 CSAMT 与 EH-4 测量的效果，CSAMT 剖面的卡尼亚电阻率曲线较为圆滑，EH-4 电导率曲线似乎更能反映细节，这实际是不同数据处理软件造成的，两者均有理想的应用效果。

图 3-15 中的高精度地磁剖面在对应高阻体上方和断裂带位置出现了跳跃的正磁场，其他两条 EH-4 剖面位置的高精度地磁剖面亦有相同的指示，在高阻体范围之外，尤其是向斜部位为负磁场。说明大比例尺高精度地磁测量对指示隐伏岩体、断层、褶皱有很好的作用，为十分经济的辅助填图和大比例尺成矿预测手段。

岩石裂隙是热液活动的重要通道，热液可以通过岩石裂隙迁移较大的距离。因此，通过裂隙采样可以获得与热液活动有关的深部成矿信息。试验采样间距为 50m，在 50m 网格范围内采集 8~10 块裂隙样组合成一个样，采样时注意采集一些穿层的石英脉和裂隙充填物等。样品粉碎至 200 目，采用 ICP-MS 分析了 Ag、Cu、Mo、Pb、Zn、Sb、Bi、W、La、Rb、Sr、K，原子荧光光度法分析了 As 和 Hg。

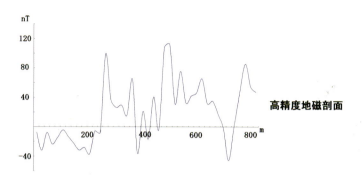

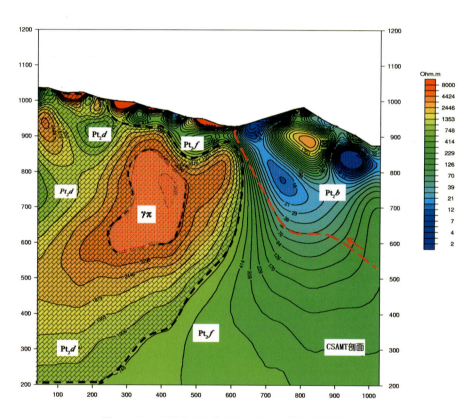

图 3-15　石门沟 Z1 线 CSAMT-高精度磁测剖面图

同上述物探剖面位置进行了 3 条裂隙地球化学剖面试验,西测线(Z3,图 3-17)Cu、Mo、Ag、W、Pb、Zn、Sb、Bi 异常吻合程度较好,La、Rb、K_2O 和 Rb/Sr 异常发育于 Cu、Mo、Ag 等元素异常的南侧,异常宽度大于 200m。该测线 Mo 含量达到 $164×10^{-6}$,已接近边界品位,Ag 为 $6.69×10^{-6}$,Pb 达到 $1110×10^{-6}$,Cu 为 $202×10^{-6}$。中间测线(Z1 线,图 3-18)Ag、Cu、P、Zn、Bi、W 等异常发育于测线的北端,La、Rb、K_2O 和 Rb/Sr 异常发育于 Cu、Mo 异常南侧,异常向北没有封闭。测线中间部位 Mo 含量为 $20.7×10^{-6}$,与 Z3 线异常对应较好。东部测线(Z2 线,图 3-19)Cu、Mo 等元素异常明显弱于西部测线,测线位置相对偏南。

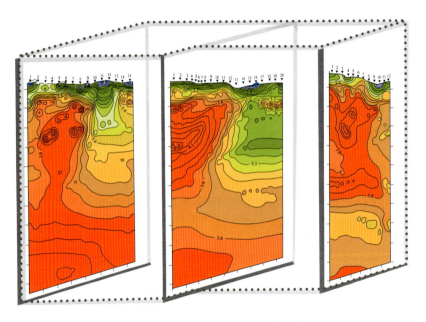

图 3-16 石门沟 EH-4 联合剖面图

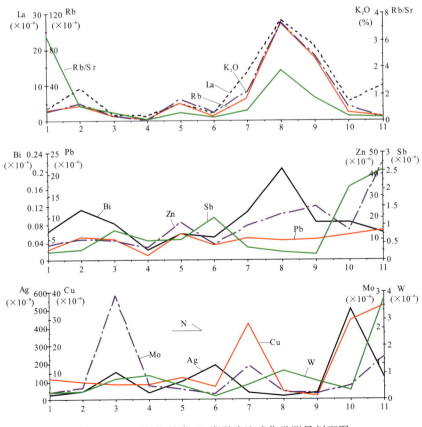

图 3-17 石门沟异常 Z3 线裂隙地球化学测量剖面图

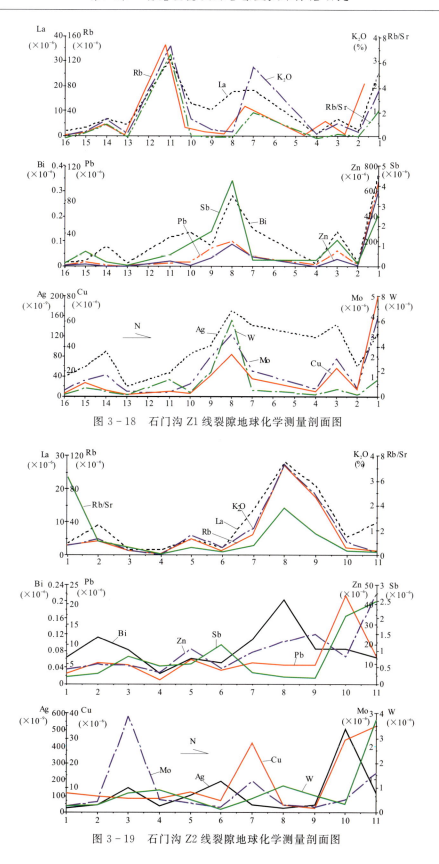

图 3-18 石门沟 Z1 线裂隙地球化学测量剖面图

图 3-19 石门沟 Z2 线裂隙地球化学测量剖面图

结合 CSAMT 和 EH-4 剖面综合推断,隐伏岩体分布于 3 条测线的中部位置,呈北西向展布。Mo、W、Cu 异常围绕推断隐伏岩体外侧分布,Ag、Pb、Zn、Sb 等元素异常在远离推断岩体的位置,从推断岩体往外依次为 W-Mo-Cu-Zn-Pb-Ag-Bi-Sb 的元素分带。有关元素分带清楚指示了推断岩体所在位置及其矿化的分带位置,即矿化分布于隐伏岩体北部的接触带上(图 3-20)。

4. 结论

在石门沟靶区进行的 CSAMT、EH-4、高精度地磁和裂隙地球化学测量试验,各种方法试验取得的结果相互印证,预示靶区中存在隐伏岩体——斑岩-矽卡岩型钼钨矿的可能性大,隐伏矿体顶面埋深在 200m 以内。遗憾的是 SIP 剖面有待进行,可在 100~400m 深度段进行 SIP 剖面测量,进一步判断是否存在与硫化物有关激化体及其空间位置,并进行钻探验证。

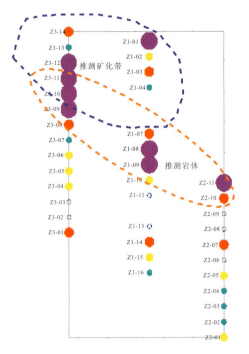

图 3-20 石门沟靶区地球化学预测示意图

三、地球化学勘查元素选择研究

地球化学勘查分为区域化探(≤1:10 万)、地球化学普查(1:2.5 万~1:5 万)和地球化学详查(≥1:1 万)。地球化学普查测定元素的选择以区域化探中有异常反映的元素以及已知矿化元素和少数有意义的伴生元素为依据。地球化学详查拟以寻找的、潜在的矿化类型及其异常的元素组合作为分析元素选定的依据。普查与详查一般选择分析元素 10 余种,认知的不同,选择分析元素的种类就不同。同一地区相邻图幅不同时期选择分析元素的种类不尽相同,当需要对一定区域某种类型的矿产进行统一预测时,就遇到缺失某种元素分析结果的遗憾。

从建立夜长坪式隐伏斑岩-矽卡岩型钼钨矿区域地球化学找矿模型出发,本次研究选择夜长坪及两侧邻区 1:5 万水系沉积物测量的 327 件样品,重新进行了 22 种元素分析,以冀对该类型矿产的地球化学找矿有所借鉴。

1. 元素异常特征

从夜长坪矿区及西侧邻区 22 种元素地球化学图(图 3-21、图 3-22)与累频剩余组合异常图(图 3-23,CEOIPAS 软件处理)可以看出,Ag、Cd、Pb、Zn、Cu、Sb、Bi、W、Mo、Mn、F、Ba、Rb、Sr、La、Nb、K_2O 共 17 种元素与已知隐伏矿床位置对应很好,其中 F、Ba、Rb、Sr、La、Nb、K_2O 共 7 种元素异常环绕已知矿床外围分布,在对应矿床位置为低值或负异常。

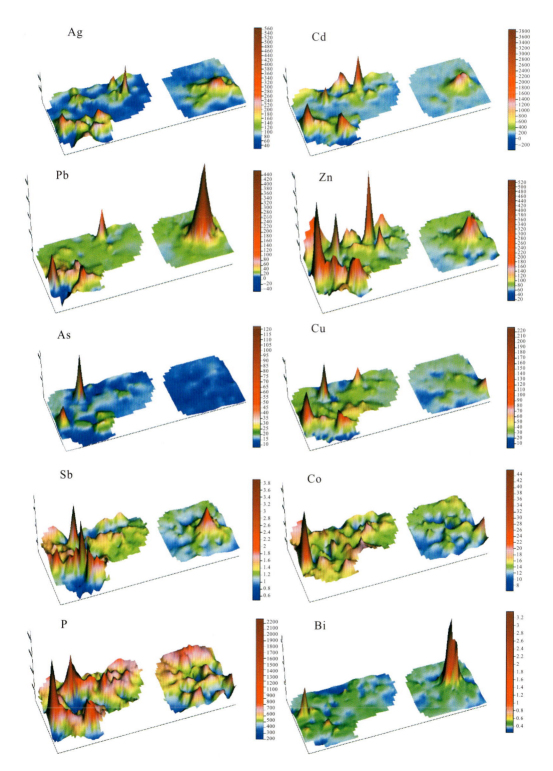

图3-21 夜长坪矿区及西侧邻区10种元素地球化学剖析图(色标为质量分数×10^{-6})

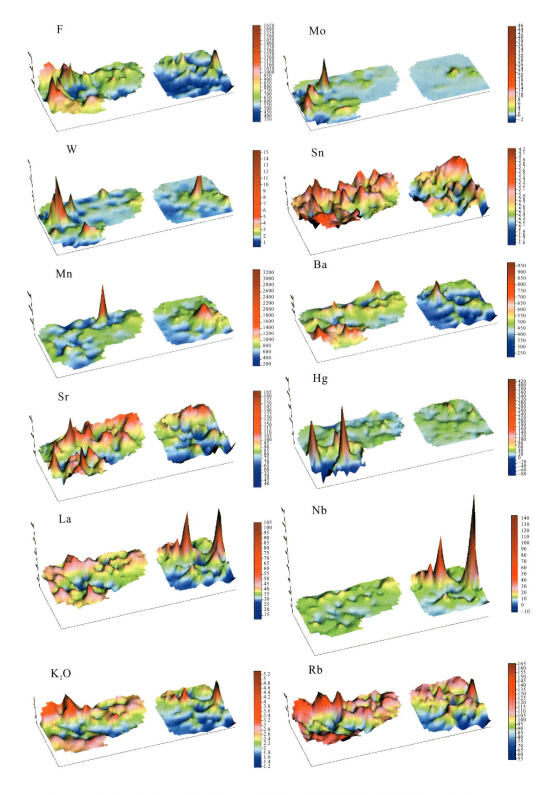

图 3-22 夜长坪矿区及西侧邻区其他 12 种元素地球化学剖析图（色标为质量分数 $\times 10^{-6}$）

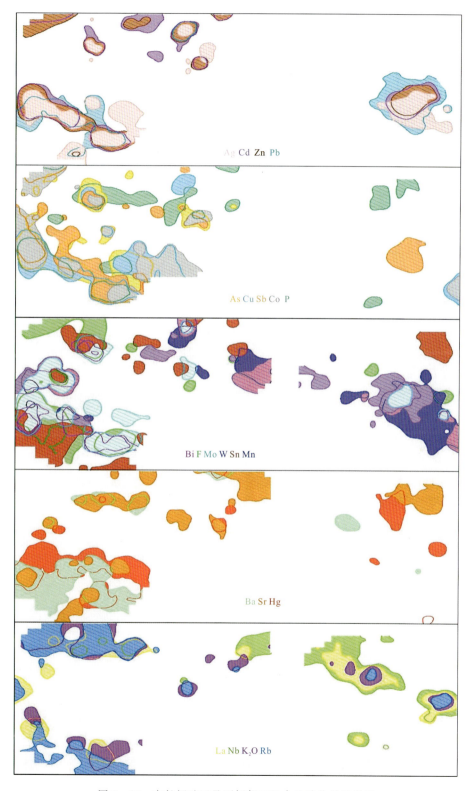

图3-23 夜长坪矿区及西侧邻区组合地球化学异常图

2. 成矿元素组合

相关系数法 R 型聚类分析表明(图 3-24)，Cd-Zn、Bi-F-Mo-W-Sn、La-Nb-Rb-K_2O 三组共 11 种元素紧密共生，相关系数达到 0.8～1.0。对应矿床特征所代表的地质意义是：Cd 赋存于闪锌矿中；辉钼矿、白钨矿、锡石与萤石共生并含有 Bi 元素；La-Nb-Rb-K_2O 为岩浆造岩元素组合。当相关系数大于 0.5 时，增加 Ag、As、Cu、Sb、Co、P、Mn、Ba、Sr 共 9 种元素，20 种元素与成矿关系相当密切。

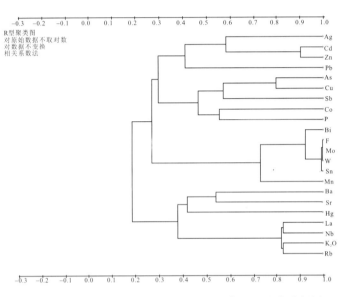

图 3-24 夜长坪矿区及邻区地球化学元素 R 型聚类分析图

全部 22 个元素共有 7 个主成分，如图 3-25，第一、三、四、五主成分的分布与已知矿床位置吻合，可能代表了不同成矿期次与成矿阶段。

3. 结论

在上述 22 种与成矿相关的元素中，F、La、Nb、Rb、K_2O 为岩浆特征指示元素，在主成矿因子中占主角地位，是预测本区斑岩-矽卡岩型钼钨矿床的关键指示元素，河南省以往大于 1∶5 万比例尺的地球化学普查、详查中均未选用这些元素，应引起充分的重视。

在当今实验室设备逐渐普遍完善的条件下，选取地球化学勘查样品分析元素的种类与数量，应考虑同一种分析方法能报出的所有元素，以避免造成人为的资源浪费；往往还要考虑用尽可能少的分析方法，即经济的因素。在试验分析的 22 种元素中，As、Hg 适用原子荧光光谱法(AFS)，Sn 适用发射光谱法(ES)分析方法，个别方法分析 As、Hg、Sn 的成本较高，并减少 As、Hg、Sn 分析不影响地球化学评价。F 适用离子选择性电极(ISE)，但属于与斑岩型矿产十分密切的指示元素应考虑分析。其他元素采用等离子体质谱法(ICP-MS)和等离子体光谱法(ICP-OES)可同时报出，应全部考虑分析。

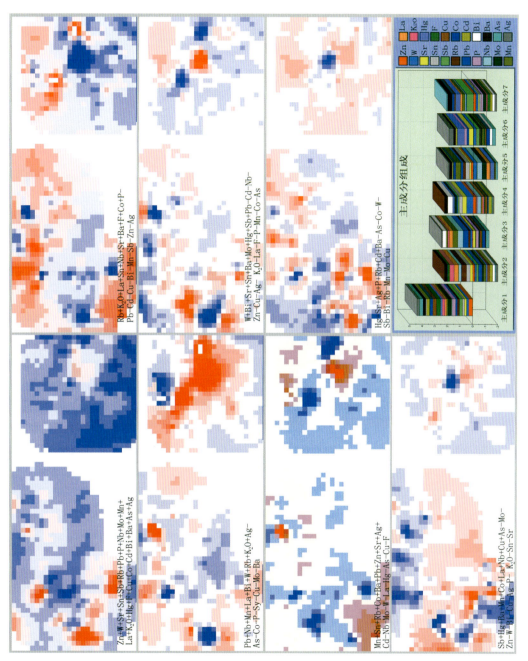

图 3-25 夜长坪矿区及西侧邻区地球化学主成分及分布图

第三节 栾川矿集区 CSAMT、SIP 技术方法应用

一、CSAMT 技术方法应用

1. 西鱼库钼钨靶区 CSAMT 方法试验与验证

西鱼库为本次大比例尺成矿预测圈定的靶区,处于斑岩-矽卡岩型钼钨矿成矿因子得分最高的区域(见图 2-42)。本区出露栾川群、官道口群一套碳酸盐岩和含碳碎屑岩系(见图 2-36),南部出露燕山期二长花岗岩体,推测与出露岩体关系密切的燕山晚期(隐伏)花岗质岩体的内外接触带为斑岩-矽卡岩型钼钨矿的成矿部位。基于此,应用 CSAMT 剖面判断是否存在隐伏岩体是首选最佳技术手段。

图 3-26 为 CSAMT 及验证剖面,对应高阻体,ZKC0001 在 300 余米见到了细粒似斑状

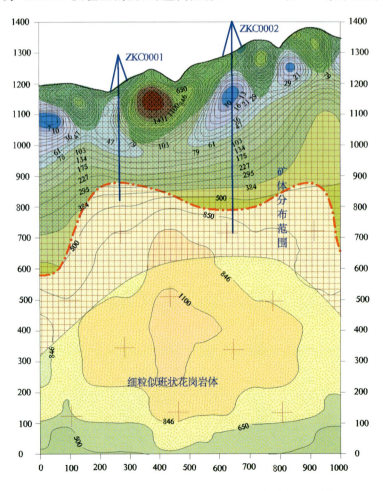

图 3-26 西鱼库钼钨靶区 CSAMT 方法试验与钻探验证剖面图

花岗岩,外接触带具矽卡岩化。38～361.48m 见到明显的钼矿化,目估 Mo≥0.04% 的钼(钨)矿体厚度大于 250m。目前钻探进行之中,可望新添一处超大型钼钨矿床。

2. 赤土店西沟铅锌银矿 CSAMT 方法试验与验证

赤土店西沟铅锌银矿是具有久远开采历史的老矿点,近来已边采边探 10 余年,尽管走了许多弯路,但矿床规模不断扩大。矿体产于煤窑沟组含碳碎屑岩夹大理岩地层的层间断裂带中,已发现平行展布的 3 个主要矿体。该矿区地层普遍含碳,并黄铁矿化较为普遍,在找矿方法选择上一直是个难点。

本项目在古采洞密布地段进行了 CSAMT 剖面测量,获得了清晰的地质断面(图 3-27)。CSAMT 剖面显示地层的褶皱构造,高阻体与低阻体分别对应大理岩及碳质片岩,钻探在准确位置见到了两者之间的界面。在岩性变化界面附近或卡尼亚电阻率梯级变化带,亦是层间断层发育部位和矿体赋存部位,钻孔在相应位置见到开采残余氧化矿石和深部黄铁矿化带,黄铁矿化部位仅具有铅锌矿化,目前物探手段尚不能区别黄铁矿化与含硫化物的贱金属或贵金属工业矿化。

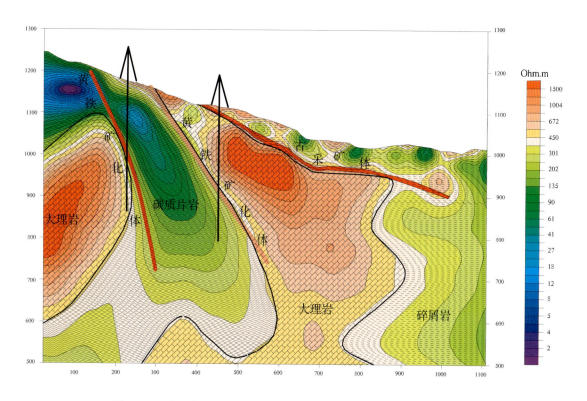

图 3-27 赤土店西沟铅锌银矿区 CSAMT 方法试验与钻探验证剖面图

3. 结论

CSAMT 具有深探测、高分辨电阻率差异的能力,因而是精确获得推断地质剖面,尤其是识别隐伏岩体、褶皱与断层方面不可多得的手段。但仅靠电阻率参数是不能直接鉴别矿体的，需要综合运用其他方法。

二、CSAMT-SIP 技术方法应用研究

（一）地质矿产概况

选择栾川县百炉沟铅锌银矿区已有勘探线剖面进行了 CSAMT-SIP 组合技术方法应用研究，该铅锌银矿为近年来地质大调查新发现的大型矿产地。

矿区处于以新太古界太华群为核部、中元古界官道口群为两翼的背斜南翼。出露地层为中元古界官道口群一套浅海沉积的镁质碳酸盐岩夹滨海碎屑岩组合。与褶皱轴面平行的一组脆性断层斜列分布，具有早期左行斜冲逆断层、晚期正断层的活动特点，控制了银铅锌矿体的分布。

赋矿地层冯家湾组（$Pt_2 f$）主要岩性为灰色厚层状硅质条带白云石大理岩，上部夹含碳质绢云千枚岩。近矿围岩为黑云片岩、绢云片岩、大理岩、（碎裂）白云石大理岩、黑云（绢云、白云、二云或石英）大理岩，以及新元古代辉长岩墙。辉长岩与相邻大理岩能干性差异大，接触面往往是断裂发育和赋矿部位。矿体所处的断裂带地表具有铁锰矿化，含少量碳质。矿产地共由 5 个主要矿带组成，S150 是其中的大型矿带，已圈两个主要矿体，赋矿岩石为碎裂硅化白云石大理岩和构造角砾岩，矿石中硫化物含量变化较大。S150-Ⅰ矿体厚 0.41～4.54m，一般含 Pb 0.98%～21.60%，Zn 1.25%～16.60%，Ag $(14.00～626.87)×10^{-6}$；S150-Ⅱ矿体厚 1.10～10m，含 Pb 0.38%～30.70%，Zn 3.19%～12.73%，Ag $(6.00～1007.50)×10^{-6}$。

（二）CSAMT-SIP 剖面推断解释

1. 剖面一

针对 S150 矿带进行了两条 CSAMT-SIP 试验剖面，03 勘探线为已知见矿剖面（图 3-28）。CSAMT 断面总体反映了向形的地质构造形态，卡尼亚电阻率向南西倾斜的低阻带及梯级带对应了已知矿体、矿化体及断层的位置。

SIP 测量窗口标高 260～650m，在 ρ_a（视电阻率）参数反演断面图中，矿体、矿化体及断层的延伸部位对应了低阻带，高阻区的分布与 CSAMT 剖面完全一致。m_a（极限充电率）代表了 IP 的绝对强度，反演断面图中的高激化异常带只对应了矿体的延伸。高激化异常（m）、低阻带（ρ_a）与频率相关系数（c_a）低值区的位置十分吻合，很好地指示了矿体所处位置。

2. 剖面二

07 勘探线为钻探仅见到矿化体的剖面（图 3-29）。CSAMT 断面反映该线褶皱形态较 03 线紧闭，矿化体出现在剖面中间高阻体与低阻体衔接的梯度界面，反映断层及矿化发生在地层层间。

SIP 测量窗口较小（640～820m），ρ_a 指示的高、低阻带的分布与 CSAMT 基本一致。m_a 突出反映了硫化物的分布，在没有矿化的部位不存在高 m_a 异常。其中有 3 处高 m_a 异常：南侧异常对应辉长岩墙位置，具有黄铁矿化，向深部异常增强，是应进一步重视的找矿部位；中部异常与钻探揭露的矿化体对应；北侧异常强度最高，指示可能为隐伏矿体。已揭露的矿化部位

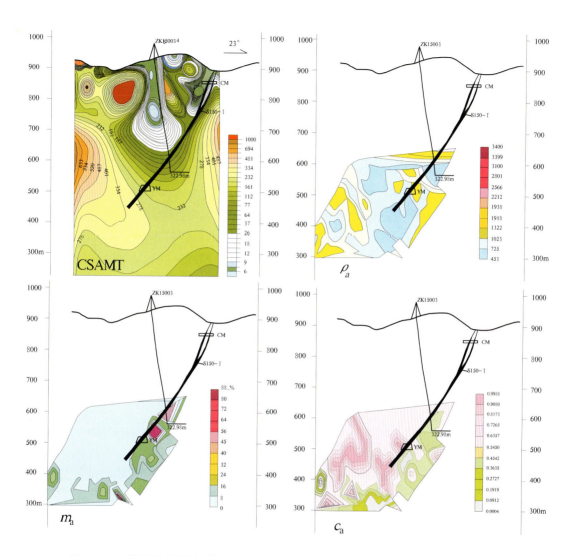

图3-28 栾川县百炉沟铅锌银矿区03线CSAMT-SIP方法试验与钻探验证剖面图
S1500-Ⅰ.矿体编号;ZK15003.钻孔编号;CM.穿脉坑道;YM.沿脉坑道;其他符号和图注见正文

c_a值较高,表示硫化物含量不高,但南、北两侧高m_a,低c_a部位,尤其是北侧高m_a部位存在隐伏硫化物矿体的可能性非常大。

(三)结论

CSAMT-SIP方法技术组合不仅推断了控矿地质构造形态和控矿构造部位,而且极限充电率(m_a)反映了可极化物质的多少,并通过频率相关系数(c_a)判断了可极化物质的性质,排除其他因素(水、碳质等)引起的IP异常,大探测深度精准确定了硫化物矿体的位置与硫化物含量的分布。

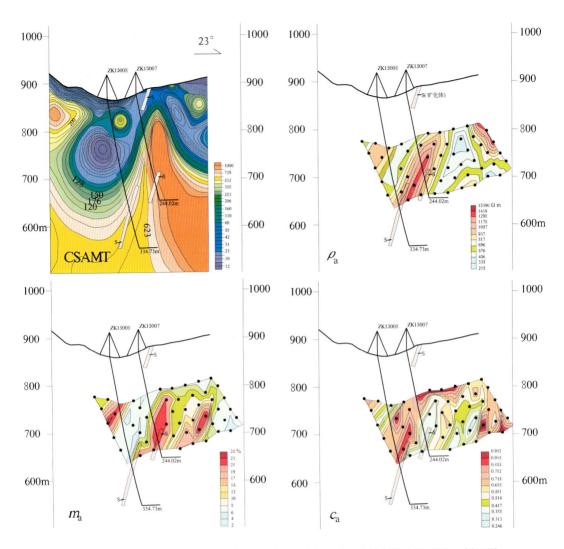

图 3-29 栾川县百炉沟铅锌银矿区 07 线 CSAMT-SIP 方法试验与钻探验证剖面图

第四节 桐树庄地球化学异常查证与金(钼)矿的发现

一、异常查证工作回顾

(一)1:20万水系沉积物地球化学测量

桐树庄地球化学异常最初发现于 1986—1988 年的"桐柏—信阳一带 1:20 万水系沉积物地球化学测量"。在著名的包括破山银矿、银洞坡金矿和老湾金矿 3 个特大型矿床在内的面积达 $316km^2$ 的桐柏北部 Au 异常中共有 4 个异常浓集中心,桐树庄 Au 异常浓集中心的最高值、平均值明显高于银洞坡金矿所在异常中心。按 Ag 异常可分为南、北两个以银为主的综合异常带,南带以桐树庄为中心,异常强度远远高于破山银矿所处的北带,从此桐树庄就成了注目的焦点。

(二)1∶2.5 万水系沉积物地球化学测量

针对 1∶20 万水系沉积物地球化学测量所圈出的 Au、Ag 异常带,1988 年开展了 1∶2.5 万水系沉积物测量 294km²。按 0.25km² 为一个采样格子(同时也是分析格子),采样密度 14.6 个/km²。将 1∶20 万桐柏北部南带综合异常带进一步分解为南、中、北 3 个异常带,桐树庄位于中间以银为主的综合异常带,Ag 异常最高值、平均值仍是全区之最。

1∶2.5 万水系沉积物测量虽将 1∶20 万异常分解定位,但经踏勘性检查未能发现含矿地质体。虽个别样在硅化大理岩中含量较高,但极不连续。其间虽做过高精度磁测和激电测量,但高精度磁测数据未充分处理(计算机应用刚起步),激电测量也因地层普遍碳质层和石墨没有任何作用。

(三)1∶1 万土壤地球化学测量

因未找到异常源,1989 年选择桐树庄-老虎洞沟银异常开展 1∶1 万土壤测量。野外采用 100m×40m 网度,按 100m×80m 做组合样分析,将 1∶2.5 万水系沉积物地球化学异常分解为桐树庄和老虎洞沟两个主要异常区。其中桐树庄异常区长 2.7km,宽 1.8km,面积 4.9km²,浓度分带清晰,Ag、Pb 内中带发育。认为该异常无疑是矿致异常,随即在异常区浓集地段采用地质-地球化学剖面配合槽探工程揭露等手段进行查证,在硅化含碳大理岩中发现零星高含量点,仍未查明引起异常的地质因素。1989 年下半年,针对桐树庄异常开展了 1∶1 万的激电测量,因受含碳大理岩干扰,仍没有效果。

(四)1∶5000 岩石地球化学测量

为查明引起异常的原因,1992 年再次对桐树庄银异常开展了 1∶5000 岩石地球化学测量,面积 0.8km²,网度 50m×10m,并采用 010B 型经纬仪布设基线和 REDZL 型红外线测距仪测距做样点精确测量,分析元素为 Ag、Pb、Zn、Cu、Mo、Ni、As、Sb。结果将桐树庄银异常分解成支离破碎的点异常(图 3-30),得出分散矿化的消极结论。

近 10 年之后的 1999—2003 年,国家地质大调查"桐柏地区银多金属调查评价"项目补充、扩展了 1∶1 万土壤地球化学测量工作,对桐树庄异常再次进行了研究,提出隐伏花岗斑岩是异常源的新认识。2006 年,河南省地质调查院在继高精度重力选区-CSAMT 剖面定位技术方法组合取得隐伏铝土矿找矿突破之后,通过"东秦岭二郎坪群铜多金属矿成矿规律研究"项目资助,拟在桐树庄进行 CSAMT-SIP 技术方法组合试验,因设备的原因未能完成 SIP 测量,但在该异常进行了针对隐伏内生金属矿产的河南省首条 CASMT 剖面。之后一直设法钻探验证,在本项目的竭力推崇下,2008 年促使探矿权人进行了钻探验证。

回顾 20 余年来桐树庄地球化学异常的发现与查证过程,是我国开展区域地球化学测量到目前深部找矿工作的缩影,是探矿技术手段不断发展的过程,倾注了韩存强等河南省老一辈化探专家的心血,对当前深部找矿工作有诸多有益的启示。

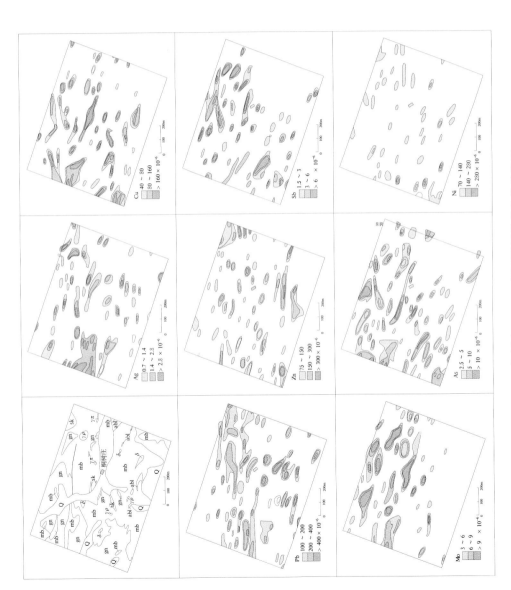

图 3-30 桐树庄 1:5000 岩石测量地球化学异常图
(据韩存强,1992)

gn. 片麻岩;abl. 斜长角闪岩;mb. 白云质大理岩;Q. 第四系;δ. 闪长岩;γp. 花岗伟晶岩;γπ. 花岗斑岩;sk. 矽卡岩

二、异常区地质地球化学特征

1. 地质概况

异常区北以大河韧性剪切带与下古生界二郎坪群分界,南以龟山-梅山(松扒)韧性剪切带与中—新元古界龟山岩组拼贴,其间不同时代、不同大小的岩块堆叠,组成成分复杂的构造混杂岩带。混杂岩带总体呈上部古元古界秦岭岩群雁岭沟组(蔡家凹岩组)含石墨大理岩,下部古元古界秦岭岩群片麻岩的上、下结构,其间为韧性断层。下古生界丹凤岩群蛇绿岩块大小数米至数十米混杂在秦岭岩群中,保有最大的岩块数百米,这些岩块中部分含有豆荚状铬铁矿或镍矿。各种岩块的位移与混杂岩带南、北边界韧性剪切带的运动方向协调一致,呈左行剪切的菱形网络式拼贴。

沿近东西向断裂各种岩墙十分发育,主要岩性可能为志留纪的钾长伟晶岩和早白垩世化岗斑岩,其中花岗斑岩至少有多斑和少量长石斑晶两期,少量云斜煌斑岩。远离桐树庄出露有小花岗岩株。在花岗斑岩与白云质大理岩接触带偶见孔雀石和铅锌矿化,晚期花岗斑岩普遍具有钼矿化,个别花岗斑岩拣块样品分析 Ag 达到工业品位。花岗斑岩墙的围岩蚀变主要是泥化和硅化,在桐树庄钾长伟晶岩的附近见一处矽卡岩化。

2. 地球化学特征

图 3-31 为桐树庄—老和尚帽一带 1:1 万土壤分形迭代剩余地球化学异常图,面积约 80km²。可以看出,异常明显有 3 个带,按照晕宽的浓度分带序列是 Sb-Ag-Mo-Cu-Zn-Pb,As-Au 异常偏离于 Sb-Ag-Mo-Cu-Zn-Pb 的南侧。Sb-Ag-Mo-Cu-Zn-Pb 分带序列表达的地质意义是,Sb-Ag 低温异常组合与高—中温降温序列的 Mo-Cu-Zn-Pb 的异常组合属同源但不同的成晕(矿)期次,本区所发现的钼银矿石一般是富银的方铅矿-黄铁矿细脉穿插浸染状钼矿石,因此两者的先后关系是 Sb-Ag 在 Mo-Cu-Zn-Pb 之后。Ag-Mo 共生是北秦岭褶皱带的成矿特色,不同于华北陆块南缘的 Au-Mo 共生(南缘北侧)和 Mo-W 共生(南缘南侧)。Mo、W 来自高挥发分的深源岩浆,Au、Ag 则具有地质建造的地方特色。As-Au 异常与上述序列综合异常分离,属另一成矿期。

在已发现大量矿床的矿集区,要千方百计去识别指示深部矿的弱异常;而在桐树庄地区恰恰相反,要从连成带的异常带中优选主要异常。常规方法圈定的桐树庄地区的综合异常呈带状,并杂乱无章。以往按异常带分区求衬值异常,所圈定的衬值综合异常在突出主要异常方面有所改观。沿构造带方向多期次成晕是异常带难于分解的原因,图 3-31 的分形迭代剩余异常在突出异常方面也较常规等值线方法圈定的地球化学异常有所改观。以下进一步做主成分分析,以期对多建造的异常进行分解,突出主要成矿期次的异常。

基于主成分分析将分形迭代剩余地球化学异常分为 5 个主成分,代表了 5 个成晕(矿)因子(图 3-32)。3 个异常带成晕因子的分布不尽相同,而在桐树庄所有因子均有分布。在进行主成分分析时加入了花岗斑岩和钾长伟晶岩墙成分,但没有建立起关联,原因是岩脉所占数据范围太小,需要根据岩脉的蚀变范围及与已知矿化的距离建立缓冲区,这需要进一步开展蚀变地质填图后方能做到。

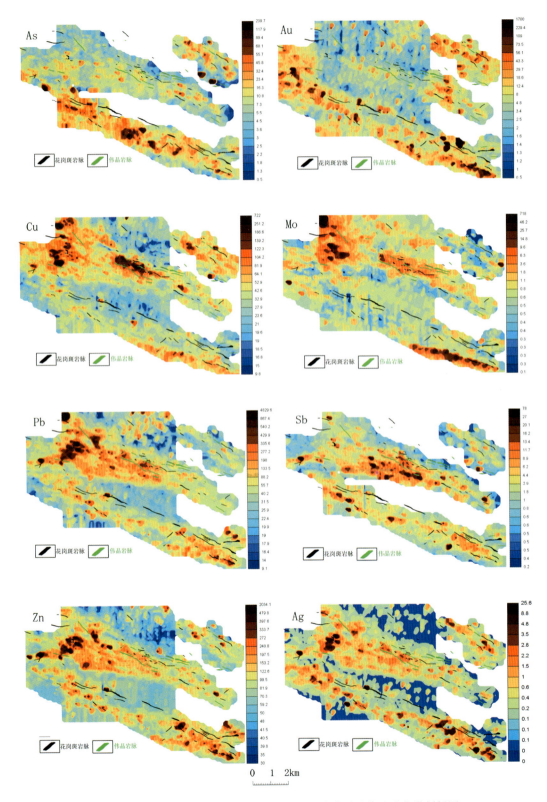

图 3-31 桐树庄—老和尚帽一带 1∶1 万土壤分形迭代地球化学剖析图

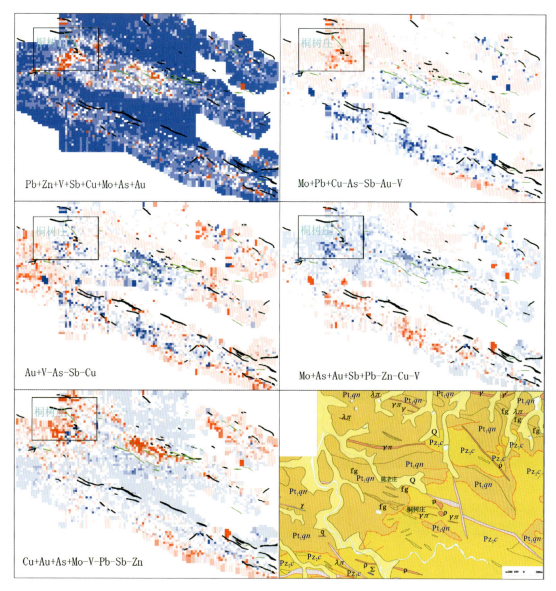

图 3-32 桐树庄—老和尚帽一带1:1万土壤分形迭代地球化学主成分分布图

地质图范围(6)为主成分图中的左上框范围;Pt_1qn. 秦岭岩群;Pt_1c. 雁岭沟组;ρ. 钾长伟晶岩;$\gamma\pi$. 花岗斑岩

第一主成分:Pb+Zn+V+Sb+Cu+Mo+As+Au,主要分布在异常北带,以桐树庄和相邻的老和尚帽异常区最为突出。该成分的异常最为发育,两个异常区中钾长伟晶岩墙的分布多于其他地区。

第二主成分:Mo+Pb+Cu-As-Sb-Au-V,突出分布在桐树庄异常区。

第三主成分:Au+V-As-Sb-Cu,南、中、北3个异常带均有分布。Au与岩浆指示元素V呈正相关,有可能Au来自岩浆活动。

第四主成分:Mo+As+Au+Sb+Pb-Zn-Cu-V,主要分布在南异常带,岩浆活动主要是花岗斑岩。

第五主成分:Cu+Au+As+Mo-V-Pb-Sb-Zn,各异常带均有分布,仍以桐树庄和老和尚帽异常区最为突出。

三、CSAMT 测量与钻探验证

近 20 年的异常查证终由一条 CSAMT 剖面推断定位了异常源,获得 CSAMT 剖面时(图 3-33),不假思索地就认定了图中的高阻体为花岗斑岩墙,亦即异常源和斑岩型钼-银矿体。钻探验证情况与原认识有一定偏差:①钻探在地表下 140m 左右的高阻体上方见辉钼矿细脉,脉宽数毫米,与岩芯轴面夹角为 0°,原以为此处应是斑岩体上方脉状银铅锌矿部位;②钻探进尺 360m 附近见碎裂钾长伟晶岩,厚度较大的高阻体为硅化钾长伟晶岩及硅化白云质大理岩,而不是花岗斑岩;③伟晶岩中含同生斑杂状黄铁矿集合体,并具有细脉状硅化,样品分析伟晶岩含金 $(3\sim5)\times10^{-6}$;④雁岭沟组白云质大理岩不仅是地表反映的推覆在秦岭岩群之上,其卷入褶皱后在构造混杂岩带中垂向上延深可达上千米。

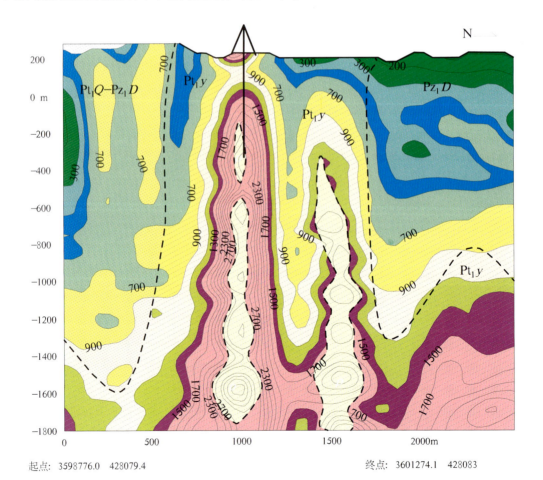

图 3-33 桐树庄异常 CSAMT 及钻 ρ 探验证剖面图

Pt_1Q-Pz_1D. 古元古界秦岭岩群片麻岩及下古生界丹凤岩群混杂岩块(片);Pt_1y. 古元古界雁岭沟岩组白云质大理岩;ρ. 志留纪(?)钾长伟晶岩;等值线及相应色区为 CSAMT 卡尼亚电阻率值

由于使用的是立轴式钻机和直孔钻进,钻孔与辉钼矿复脉、伟晶岩型金矿轴面平行,大多进尺与矿体擦肩而过,没有达到控制钼、金矿体厚度的目的。就评价矿体而言钻孔是无效的。

四、启示

桐树庄异常的查证与金、钼矿体的发现,给予了我们许多的启示:①在找矿意义上,伟晶岩型金矿在国内虽有报道,在河南省发现尚是首次;这种钾长伟晶岩在 80km^2 的异常区出露很多,其中的斑杂状黄铁矿在地表均氧化成黑色的铁锰质,矿质也被淋滤掉,在此之前没有人将伟晶岩与金矿联系在一起,今后将会引起重视,有可能有大的找矿前景。②在找矿问题上,与钼矿有关的钾长伟晶岩脉体在河南省多见于燕山期花岗岩中及其周围,属岩浆晚期补充脉体;桐柏地区的钾长伟晶岩尚没有测年数据,按地质背景初定为志留纪,所发现的钼矿是与伟晶岩有关还是与旁侧或深部可能存在的花岗斑岩有关。③在找矿思路上,大规模的异常必定有大的异常源,在没有实现找矿突破之前总是遗憾"只见星星,不见月亮";如近年来大别山北麓钼矿的不断发现表明,长期做工作的地表多金属矿点不过是钼矿的皮毛。④在找矿方法上,针对岩浆热液矿床的岩石地球化学测量,常规的岩石地球化学取样不如采裂隙样,本次木桐沟地区的岩石裂隙地球化学测量就取得了很好的效果,如当年桐树庄岩石地球化学测量采用取裂隙样就不会得出分散的异常;深部找矿离不开深探测的物化探工作,在已开展了大比例尺化探的基础上,大比例尺高精度重-磁扫面与 CSAMT(EH-4)-SIP-裂隙地球化学剖面,是适于本区的最佳找矿技术方法组合。⑤在钻探问题上,由于经历了地质找矿的停顿时期,钻探技术转向工程勘察市场,导致目前的岩芯钻探技术能力倒退到 20 世纪 80 年代之前;河南省 20 世纪 80 年代就有了分枝钻孔,目前有了全液压钻机却没有一个真正意义上的斜孔;立轴式钻机与全液压钻机在经济效率上差不多,但技术工艺水平与实际经济效率是无法与之相比的,在陡倾斜平行多个矿体的矿区,使用全液压钻机施工缓倾角钻孔将节约巨大的工作量,关键的问题是,直孔钻进往往造成漏矿和无效孔,桐树庄异常查证钻孔就是经典的实例。

第四章　山麓浅覆盖区综合勘查技术方法研究

第一节　覆盖区矿产勘查研究现状

一、研究进展

几乎所有地球物理矿产勘查技术方法均适用于覆盖区。对于深覆盖区，用物探技术方法进行覆盖区推断地质填图的方法主要有高精度重力、高精度磁法测量和地震勘探；对于浅覆盖区，最为经济的方法是甚低频测量和高精度磁测。应用甚低频测量方法进行地质填图和矿产勘查，国内外已得到很多应用。张寿庭等(1999)将该方法应用于构造控矿规律的研究中，张锐等(2007)在龙头山多金属矿找矿中应用甚低频方法探测矿化体效果明显。Eze(2004)使用该法对尼日利亚Abakaliki铅锌矿脉进行了填图。该方法最为适用于干扰很小的草原、荒漠化等地区。

20世纪90年代以来，覆盖区的地球化学勘查方法技术研究已逐渐成为各国地质找矿的热点。世界各国除革新改进现有的常规勘查技术外，先后开展了用于提取深部矿化信息的新方法、新技术研究。用于覆盖区的地球化学勘查技术方法主要有：地气法(geogas)、活动金属离子方法-活动态(Mobil Metal Ions,MMI)、酶提取方法、离子晕法、电地球化学方法(CHIM)、壤中气汞和热释汞测量、放射性勘探方法(γ能谱及Rn气测量)、生物探矿法、热释光等。目前，国内外研究和使用最多的是气体和活动态测量技术(汪明启,2003)。

从已发表的论文来看，目前我国在覆盖区寻找的内生金属矿种主要有金矿(内蒙古莲花山金矿、山西辛庄金矿等)、多金属矿(甘肃蛟龙掌多金属矿)等。研究单位主要有中国科学院地质与地球物理研究所、地科院物化探研究所，以及中国地质大学、原长春地质学院、长春科技大学等单位。在找矿方法上分别进行了地球物理和地球化学各自领域的方法研究，少有不同技术方法的综合运用。

二、覆盖区勘查技术方法原理

在第三章基岩出露区综合勘查技术方法研究中，已就深穿透地球化学方法作了介绍，下面补充介绍主要适用覆盖区的两种物化探方法。

(一)甚低频电磁法(VLF)

甚低频电磁法(VLF)是利用世界上海军用通讯台或导航台发射的15~25kHz波段的无线电波作场源(属于被动源电磁感应法)，并把发射台天线当作位于地表的一个垂直电偶极子。在远离发射台的区域工作，电磁波在有限区域内可视为稳定的均匀场。电磁波在传播过程中，地下存在具有电性差异的界面或地质体,在 VLF 电磁波(一次场)的感应下会产生二次场,由于二次场与一次场的强度、方向和相位均不相同,故二者叠加后的总场与一次场亦不相同,观测一次场、二次场与被探测对象(地质因素)相互作用的总和效应,可研究矿化带、构造带、蚀变破碎带、岩性分界面等地质构造,达到找矿勘查、地质填图之目的(张锐等,2006)。该法基于电磁感应原理,既可利用磁分量测量(磁倾角法),也可利用电分量测量(电阻率法或波阻抗法)。在隐伏—半隐伏矿体预测中,当电极接地条件受到限制时,多采用磁倾角法(张寿庭等,1999)。

覆盖区构造矿化带的空间定位,包括平面位置的确定和剖面上的产状定位两个方面。应用甚低频电磁法可以快速有效地实现浅层构造矿化带的空间定位,其中,平面定位主要根据 VLF 极化椭圆倾角(D)特征或倾角 Fraser 滤波值(F)特征,即倾角 D 剖面曲线的真零交点或 Fraser 滤波值 F 峰值部位,对应地下构造-矿化低阻异常体的位置。剖面上的产状定位则根据对实测倾角资料的线性滤波处理,通过等效电流密度等值线剖面图及其所揭示的低阻异常体的形态产状特征来间接判析。

目前,国内普遍使用的甚低频电磁测量仪器为重庆地质仪器厂所产 DDS 系列仪器,所使用的场源为澳大利亚 NWC 台(频率 22.3kHz)和日本台(17.4kHz),实际工作中多采用磁倾角法(D)进行面积性测量,观测点距一般为 10~15m,其探测深度一般为 40~50m,有时可达 100m(张寿庭等,1999)。

技术指标:工作频率 17.4kHz、22.3kHz 两个频点;仪器测量参数:磁场水平分量、磁场垂直分量、极化椭圆倾角、地面电场水平分量,磁场 1~30Mγ;倾角:±45°;电场:3~200μV/m;短路噪声:≤1μV;使用环境温度:0~40℃;相对温度:85%;电源:9V,功耗≤120mW;外形尺寸:260mm×95mm×150mm;重量:3.5kg(包括电极、电缆)。

仪器优点:甚低频电台发射的电磁波衰减小,场强均匀,噪声低,工作时间长,在我国各地都能使用。操作简单,稳定可靠,仪器小巧,重量轻,方法灵活。

(二)气体地球化学方法

气体地球化学测量是系统地提取天然物质(如土壤、大气)中的挥发性物质及气体以发现与矿化有关的气体异常并进而寻找隐伏矿床的方法。利用与矿床有关的气体进行找矿的思想,首先是受到油气田上方油气苗所散发的特殊气味和汞矿床上方游离汞的存在。以汞量测量方法研究得最多,1946 年,萨乌科夫指出,汞可作为找深部隐伏矿的地球化学指标,一度曾认为它是找寻被厚层运积物或成矿后沉积岩覆盖的隐伏矿床的最有效的方法,但近年来发现汞异常主要与构造有关。矿化的构造与无矿的构造都可能在地表有汞异常出现。20 世纪 70 年代初,国际上曾掀起了以汞气测量为主的气体测量热潮。在这次热潮中,测量的指标有 Hg、CO_2、O_2、H_2、H_2S、CO、S、He、Rn、SO_2、Br、I 等。这些方法在多种矿床上进行了试验,均取得了较好的结果。

我国于 20 世纪 60 年代末引入气体测量,工作方法主要以 Hg 气测量、Rn 气测量和 CO_2 测量为主。中国的研究者对 Hg 气测量进行改进和创新,采用金丝管捕集 Hg 气,高温热释测量壤中 Hg 气的方法,具有中国自己的特色,已显示了在寻找隐伏矿中的良好前景。但同时也遇到了国外同行所面临的各种干扰影响。这是气体测量方法本身所存在的缺陷,但这些缺陷并不影响该方法在隐伏矿勘查中的作用。

1. Hg 气测量

Hg 在常温下,具有高的蒸气压。Hg 的蒸气具有强大的穿透能力,可以从矿源通过各种介质到达地表,是寻找硫化物隐伏矿床的重要探途元素。根据伍宗华等(1996)的试验表明:Hg 气异常的分布,大都与断裂构造有关。气体的迁移是压力差的结果,断裂构造是地壳中的压力薄弱地带,因此,Hg 气将会沿断裂构造进行快速迁移,在构造的头部形成较为强的 Hg 气异常。这是 Hg 气测量的理论基础,Hg 气异常只能反映断裂构造的位置,而与矿体并无直接的联系,只有结合其他方法的成果,才能提高找矿的效果。Hg 气测量对于探测受断裂控制的矿床有一定的成效。

2. Rn 气测量

Rn 是 Ra 和 U 的衰变产物,具有 3 种天然同位素,都是放射性气体,易溶于水。Ra 和 U 于岩浆作用的热液阶段富集。当岩石中存在有利的构造裂隙和岩石空隙时,Rn 可渗透迁移至数十米远的距离。当地下水呈现垂向运动时,或 Ra 随地气流迁移时,U、Ra、Th、Rn 等组分可被直接搬运至地表,并在地表土层中形成明显的 Rn 气晕。因此,Rn 可以用于找寻深数百米的铀矿床,以及与之共生的其他矿床和地下水、地热田、隐伏断裂构造等。从多年的实践经验来看,在除铀矿外的隐伏金属矿勘查中,Rn 气测量的主要作用还是寻找隐伏断裂构造。

FD-3017 仪器是一种新型的测氡仪,它利用静电场收集氡衰变的第一代子体——RaA 作为测量对象,是一个携带式的、高灵敏的、快速的、准确的现场测量仪器。仪器应用于土壤和水中以及其他许多场合中定量测量氡的浓度。

技术指标:直径为 26cm,面积为 $531mm^2$ 的金硅类型半导体探测器,极限探测灵敏度小于 0.1 爱曼,探测效率 $\eta 2n \leqslant 40\%$(用 239pua 源,活性区直径≤26mm)。

本底:≤4 脉冲/h。

抽气泵密封性能:在 600 泵柱时,漏气速度<5mm Hg/min。

计数容量:1~99 999。

定时:高压定时 1'2'3'5'10'和手控。

测量定时:0.5'1'2'3'5'10'和手控。

使用环境:温度在 -10~40℃。湿度为 95%(+40℃)气候条件下能正常工作,与常温条件相比计数误差≤±10%。

电源:三节 6 号电池,功耗≤30mm(包括高压)。

外形尺寸和重量:操作台 210mm×97mm×156mm,约 2.3kg。

抽气泵气 540mm,直径 103mm,约 3.3kg。

仪器优点:仪器轻便,测试速度快,高灵敏,适用于野外现场测量。

测量对象:覆盖区土壤中氡的浓度,揭示隐伏构造-矿化低阻带。

3. CO_2 气体测量

CO_2 与有色金属、贵金属、油气藏以及地热田等具有密切的关系。引起这种关系的原因,是由于金属矿床形成时,矿物组分中有 CO_2 的存在,或是形成独立的碳酸盐矿物,或是呈包裹体存在于成矿作用有关的蚀变岩石和矿物中。硫化物矿床形成后,随着剥蚀作用的加剧,矿床不断接近地面,矿体遭受氧化。由于氧化作用,在硫化物矿床周围形成酸性环境,使碳酸盐矿物分解,随之 CO_2 的浓度增加。CO_2 的异常除能反映断裂构造的存在,同时也能反映隐伏金属矿(化)体的位置。

贾国相等(2003)的研究表明:由隐伏金属矿床释放出来的 CO_2,在矿体上方土壤或岩石中,主要以气体吸附态和低溶点的金属碳酸盐以及碳酸氢盐的形式赋存,将这部分 CO_2 提取出来便可获得隐伏金属矿床的信息。他们在安徽铜山铜矿以及山东金岭铁矿进行了热释 CO_2 的试验,在矿体上部获得了明显的 CO_2 异常。

苏联学者认为,在干旱地区,隐伏矿体之上可以产生清晰的 CO_2 异常,并且很少有假异常。在高加索北部的汞矿床上方有明显的 CO_2 异常,可用该异常来圈定含矿构造和寻找汞矿。英国皇家工业学院应用化学中心在爱尔兰、沙特阿拉伯、纳米比亚和美国的隐伏硫化物矿床上也观测出了 CO_2 异常。苏联还用盐酸处埋的化学分析方法在野外分析释放的 CO_2,通过异常值来分布追溯 $10 \sim 15m$ 疏松沉积层下的含矿断裂(刘英俊等,1987)。

目前常用的测 CO_2 的仪器为 GXH-1050E 型红外线 CO_2 分析仪,其性能指标如下。

测量范围:CH_4 为 $0 \sim 100\%$;CO_2 为 $0 \sim 50\%$;O_2 为 $0 \sim 25\%$;H_2S 为 $(0 \sim 1000) \times 10^{-6}$。

重复性:$\leqslant 1\%$。

零点漂移:常量$\leqslant \pm 1\%$ F.S/7d。

量程漂移:常量$\leqslant \pm 1\%$ F.S/7d。

线性误差:$\leqslant \pm 2\%$ F.S。

响应时间:$\leqslant 10s$。

输 出:数字 RS 232,$4 \sim 20mA$。

电 源:AC 220V 或 12V。

仪器优点:仪器轻便,测试速度快,高灵敏,适用于野外现场测量。

测量对象:覆盖区土壤中 CO_2 气体的浓度,揭示隐伏构造-矿化低阻带。

三、覆盖区勘查技术方法应用实例

1. 敖尔盖铜矿区

本矿区矿化带和矿体严格受控于右行剪切构造体系,目前开采的主矿化带基岩出露较好,但甚低频扫面的东部和南部发育厚度为 $1 \sim 7m$ 的残坡积物。经甚低频扫面发现了右行侧列的两个新矿带(图 4-1)。

2. 内蒙古赤峰市莲花山金矿

原长春地质学院刘树田等(1996)在赤峰市莲花山金矿进行了土壤中 Hg 气测量。该矿床大面积被风积黄土所覆盖。矿区内金矿脉及含金石英脉赋存于前震旦系下岩组角闪质片麻岩,以及混合岩化花岗岩接触带附近的构造破碎带中,金矿脉多受北西向断裂控制。在已知 4 号矿脉和 5 号矿脉进行的土壤中 Hg 气测量获得的异常,都准确地反映了这两条矿脉的位置和走向(图 4-2),其中 Hg4 异常与磁法确定的隐伏断裂相吻合,根据异常的形态特征,对已知矿脉的延伸方向做了预测。据此,在未知区的土壤中 Hg 气测量得到了 Hg2、Hg3 等异常,其

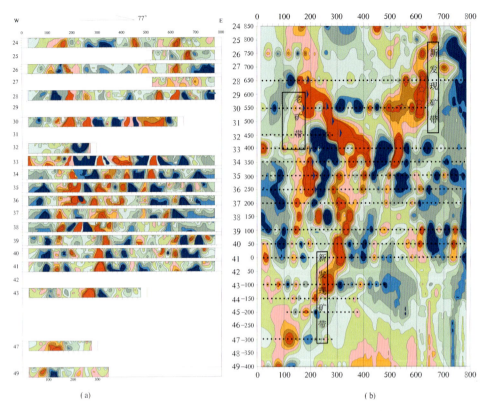

图 4-1 内蒙古敖尔盖铜矿区甚低频 VLF 平剖图(a)及平面等值线图(b)

中 Hg2 异常经异常检验,发现了控制长度 70 余米,宽 0.3～0.6m 的金矿脉,品位为 $(2～5)×10^{-6}$。在 Hg3 异常上的探井发现了两条含金石英脉。

厚层风积黄土覆盖下的金矿脉,在地表可形成土壤中 Hg 气异常,而黄土厚度的变化,对异常的规模和连续性影响较小(厚度只要大于 30cm),这样将地质找矿的不利条件(覆盖)转化为土壤中 Hg 气测量的有利条件(储气),对寻找隐伏矿体,特别是运积物覆盖区的矿体,有着重要的实用意义。在厚覆盖区,Hg 量测量是快速寻找隐伏矿的有效方法之一。

3. 云南潞西金矿

高振敏等(2004)在对云南潞西金矿的勘查工作中使用了 Rn 气测量。该矿床上部为红土型金矿,深部为卡林型金矿。Rn 气测量则能够反映深部构造或指示隐伏矿化体的可能产出部位。所得结果见图 4-3。

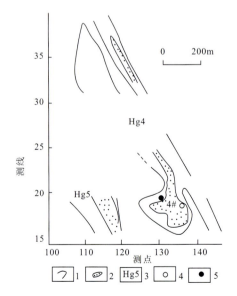

图 4-2 内蒙古莲花山矿区 Hg4～Hg5 异常图
(据刘树田,1996)
1. Ⅰ级异常;2. Ⅱ级异常;3. Hg 气异常编号;
4. 竖井;5. 矿(化)点

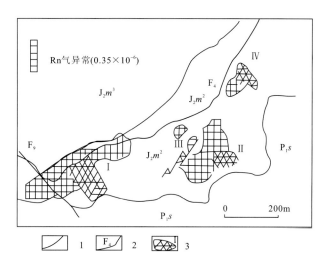

图 4-3 潞西金矿广令坡 Rn 气测量异常图

(据高振敏,2004 改)

J_2m^3. 中侏罗统勐嘎组上段；J_2m^2. 中侏罗统勐嘎组中段；P_1s. 下二叠统沙子坡组.

1. 地层界线；2. 断层及编号；3. 红色黏土型金矿体及编号

从图 4-3 中可以看出,异常区与金矿体的分布位置一致,矿体发育地区有清晰的 Rn 气异常。Rn 气测量圈定的异常,与 X 荧光分析、γ 能谱、地电化学方法圈定的异常一致。说明该方法在寻找这种类型的金矿方面是有效的。

4. 山西辛庄金矿

原地质矿产部物化探研究所余学东等人在山西辛庄金矿进行了黄土区勘查技术方法的试验研究和应用。辛庄金矿是晋东北金银成矿带的一部分。测区内上更新统风积黄土(Qp^3)广布,直接覆盖在太古宙基底岩石之上,厚度一般 30～40m。金矿受区内北西向和北北西向两组断裂控制,为石英脉型金矿。在已知的辛庄金矿上方(黄土覆盖厚度 5～50m)地段,进行了有效性的试验研究。主要采用壤中 Hg 气量测量、地电化学的电提取离子法和电导率测量、泡塑吸附法、CO_2 测量以及生物地球化学找矿法等。试验结果表明,在已知矿化带上,有明显的 Hg 气异常和 CO_2 异常(图 4-4)。在已知矿区上方还进行了电提取离子法和电导率测量试验。由图 4-5 看出,对应矿化带不仅有呈多峰状的高衬度 Au、Ag、Cu 异常和中低衬度 Pb、Zn 异常,而且还存在呈双峰的电导率异常。其中,Au、Cu 异常主要偏向矿化带的两侧分布,而电导率异常一般是两峰间的峰谷对应矿化带,异常强度似乎与矿化埋深无对应关系,但与矿化强度成正比。很显然,电提取离子法和电导率法也是圈定黄土覆盖区掩埋金矿的有效方法,依据获得的金属离子组合晕以及电导率异常,可以判定黄土下伏矿化体的产出部位。

经过在已知矿区的有效性试验后,又在其南部厚层黄土覆盖区(约 3km²)用壤中 Hg 气、电提取离子法、电导率法和 CO_2 测量等方法,对未知区掩埋金矿进行了追溯研究。发现了 5 条近南北向的综合异常带,其中 Ⅰ 号和 Ⅲ 号异常带与已知矿带相吻合。这 5 条综合异常带的发现,为该区的地质找矿指出了良好的前景,尤其是 Ⅱ 号、Ⅳ 号异常带,找矿前景更是引人注目。

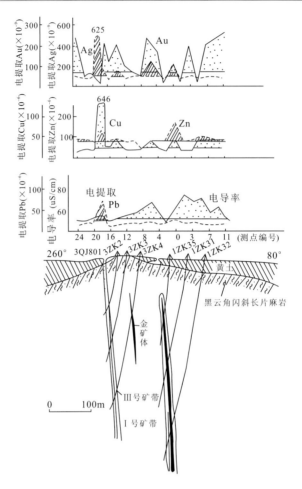

图 4-4　山西省辛庄金矿区地球化学异常图

(据余学东等,1998)

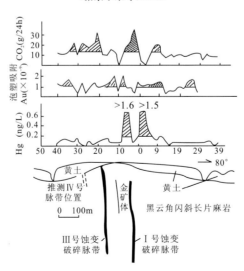

图 4-5　辛庄金矿地电化学异常图

(据余学东等,1998)

4. 甘肃蛟龙掌多金属矿和河北张全庄金矿

中国地质大学汪明启(2003)在甘肃蛟龙掌多金属矿和河北张全庄金矿这两个黄土覆盖区矿床进行了地气、偏提取地球化学勘查技术方法的研究(图4-6至图4-8)。

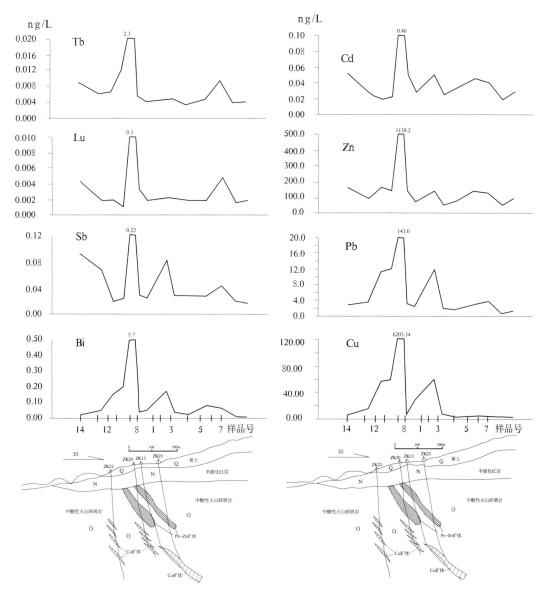

图4-6 北祁连(白银厂东延)蛟龙掌多金属矿48勘探线地气地球化学异常图
(汪明启,2003,未发表资料)

偏提取样品采用原子吸收法作为基本分析方法,并以ICP-MS为比较方法,通过选择性循序提取试验,研究了甘肃蛟龙掌多金属矿和河北张全庄金矿在黄土覆盖的条件下,地表黄土中地球化学弱信息特征。进一步证明弱信息提取在勘查隐伏矿方面的有效性,认为在我国北方半干旱黄土覆盖景观区,黏土吸附和碳酸盐结合态金属元素的提取为最有效的提取步骤。

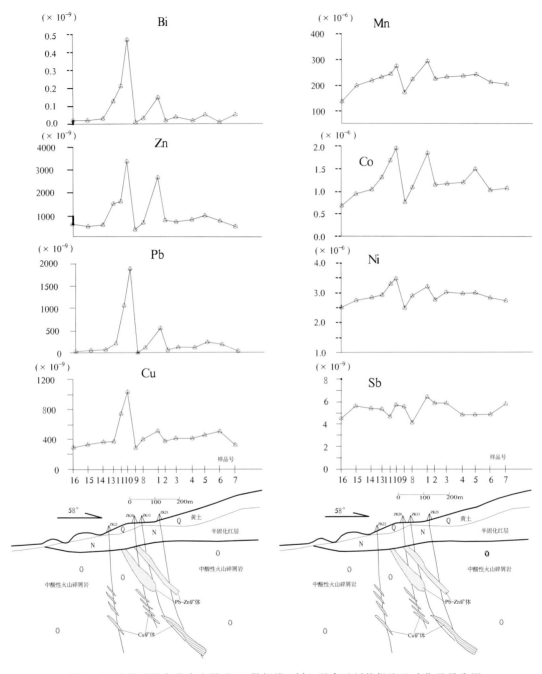

图 4-7 北祁连蛟龙掌多金属矿 48 勘探线 2‰A 混合试剂偏提取地球化学异常图
(汪明启,2003,未发表资料)

汪明启的研究表明,黄土对金属离子具有很强的吸附能力。对于浓度较高的水-土体系,深部黄土和红土吸附能力大于地表黄土。而对于更接近自然界条件的低浓度水-土体系(ng/mL),地表黄土吸附效率高于深部黄土,使以离子形式迁移的一部分金属在地表黄土中得以被吸附固定而形成异常,这部分金属可被中性盐提取剂提取。次生碳酸盐中吸附的金属可以用醋酸提取。他还证明了同位素示踪覆盖区弱信息物质来源思路是可行的。

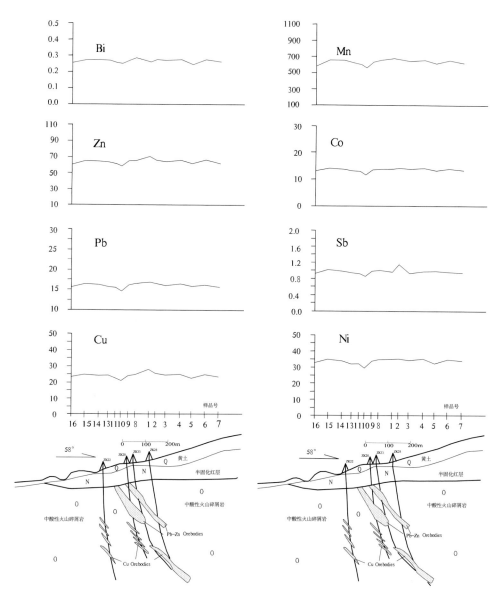

图 4-8 北祁连蛟龙掌多金属矿 48 勘探线土壤地球化学异常图(单位:×10^{-9})

(汪明启,2003,未发表资料)

6. 内蒙古花敖包特铅锌矿

金属活动态测量在地表覆盖较厚的花敖包特铅锌矿的应用也获得了良好的效果。第四系在本区较为发育,主要为冲洪积物、冲坡积物、风成沙等,厚度大于 3m,部分地区覆盖厚度大于 15m。矿体埋深约为 30m 以下,地表大部分为风成沙覆盖。开展了面积性的金属活动态测量试验,试验表明铅锌矿上方金属活动态的 Ag、Pb、Zn、Cd 异常与矿体位置完全吻合(图 4-9)。聂兰仕等(2007)在花敖包特铅锌矿进行的金属活动态测量研究表明,在埋藏深度为 30m 的 I

号矿脉,用金属活动态测量可获得明显的异常。而对于埋深超过 70m 的Ⅲ号矿脉,该法则不能获得明显异常。对于地表为外来物质所覆盖的地区来讲,基于偏提取技术的金属活动态测量方法无疑是一种有效的地球化学勘查方法。

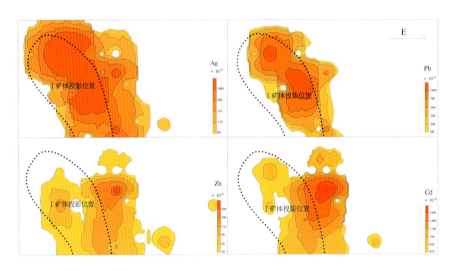

图 4-9 内蒙古西乌旗花敖包特铅锌矿金属活动态异常图
(据程志中资料,2008)

第二节 研究区成矿地质背景

一、地质背景

研究区选在崤山山麓浅覆盖区,申家窑金矿西部外围。该区海拔在 400～1000m,呈阶梯状跌落。地貌单元为塬间河谷阶、黄土台塬,除河谷底有少量基岩出露外,几乎全被黄土覆盖,覆盖厚度一般 50～100m,最厚处达 200m 以上。

该区在晚三叠世以来的大地构造位置上,研究区处于秦岭北侧岩浆弧,矿田基本构造格架为北东走向短轴背斜,系轴迹北西向、北东向背斜叠加构成的穹隆构造。新生代断陷分割北西向褶皱带,形成北东走向的盆岭构造。

基岩地层以太古宇太华岩群及侵入杂岩为核部,中元古界熊耳群环绕四周分布(图 4-10)。太古宇太华岩群岩性主要为一套中深变质程度的绿片岩系,以斜长角闪片麻岩和角闪斜长片麻岩为主,具不同程度的混合岩化现象,以钾质混合岩化为主。地层富集 Au、Ag、Mo、Cu、Sn 等,其中的黑云角闪斜长片麻岩和均质混合岩是 Au、Ag 等元素富集的主要岩石,并有随混合岩化程度的增强富集程度明显增强的趋势。中元古界熊耳群为一套以中基性—中酸性火山喷发为主的火山岩系,岩性以安山岩、安山玢岩、流纹斑岩、石英斑岩及火山碎屑岩为主,局部有细碧岩、英安岩、玄武岩等。熊耳群中段的安山玢岩及流纹斑岩明显富集 Au、Ag,Au 来自深部岩浆或由太古宇太华岩群活化而来,亦是该区找寻金矿床的有利地层。

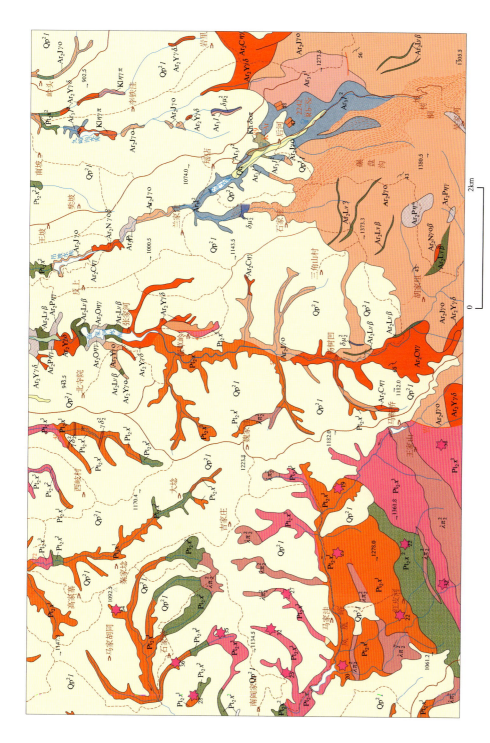

图 4-10 研究区地质略图

Qh. 冲积物；Qp_2^l. 黄土；$K\eta\gamma\pi$. 二长花岗斑岩；$K l\delta o\pi$. 石英闪长斑岩；$\gamma\delta_2^{\,5}$. 花岗闪长岩；$\delta\mu_2^{\,5}$. 闪长玢岩；$\lambda\pi_2^{\,4}$. 次流纹斑岩；$Ar_2L_\nu\beta$. 斜长角闪岩；$Ar_2P\eta\gamma$. 片麻状斑状二长花岗岩；$Ar_2C\eta\gamma$. 片麻状二长花岗岩；$Ar_2Y\gamma\delta$. 片麻状花岗闪长岩；$Ar_2J\gamma o$. 奥长花岗岩；$Ar_2N\gamma o\beta$. 英云闪长岩；Ar_3l^2. 新太古界蓝树沟岩组；Pt_2x^1. 长城系熊耳群熊耳群下段；Pt_2x^2. 长城系熊耳群中段；Pt_2x^3. 长城系熊耳群上段

研究区处在北东向的南太行褶皱带与北西向的华北陆块南缘褶皱带的交切部位。断裂构造有近东西、北东、北西和近南北多种方向。近东西向断裂带规模大,长可达数十千米至百余千米,宽数十米至数百米,常为左行逆断层、晚期高角度正断层;它们具形成时间早、延续时间长、多次活动的特点。其次为北偏西和北西向,并与近东向断裂呈左行斜列关系或相连。北东向断裂规模亦较大,常与北西向断裂近于正交。不同方向的断裂带构成蛛网状断裂构造格局,均有金矿化,控制了区内金矿床(点)的分布。

除新太古代岩浆侵入杂岩外,在申家窑金矿区西侧和北部分别出露燕山期石英闪长斑岩(K‑Ar,89Ma)及二长花岗斑岩岩株。在相邻的小秦岭和熊耳山矿集区,燕山期花岗岩体与金矿床存在空间距离上的相关关系。研究区岩体出露规模小,反映相对浅的剥蚀程度。

二、成矿特征

研究区已知矿产为陕县申家窑小型金矿、张家河金矿点,相邻有半宽小型金矿。申家窑金矿受北偏西和北西向两组断裂控制,两组断裂接而不交,属左行剪切系统。矿体呈脉状或透镜体断续左行错列于断裂带中,赋矿岩石为新太古代太华侵入杂岩,围岩具黄铁绢英岩化、硅化、泥化及绿泥石化。

张家河金矿点及零星的民采点亦主要受北偏西和北西向两组断裂控制,断裂带出露宽度可达上百米。金矿化产于断裂带中一组羽裂或破劈理中,矿化在断裂带中较为分散,蚀变也很弱,但矿化极为普遍,具有寻找低品位大矿的地质前提。

三、地球物理特征

研究区处在航磁高值杂乱场和重力剩余高部位,对应新太古代太华杂岩的分布(图4‑11)。其中航磁异常主要对应强磁性太华杂岩的分布范围,重力梯级带对应了北偏西与北西向的控矿断裂带的展布。

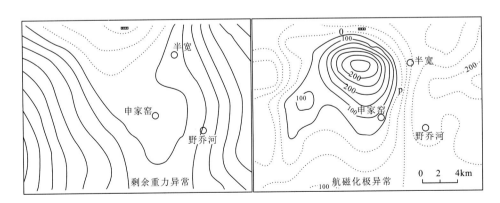

图4‑11 研究区重磁异常图

四、地球化学特征

从区域(1:20万)地球化学场来看(图4‑12),不同元素异常带主要有北东、北西两个方向。对比研究区所处的崤山与西部小秦岭、东部熊耳山3个地区的地球化学异常有如下特征:

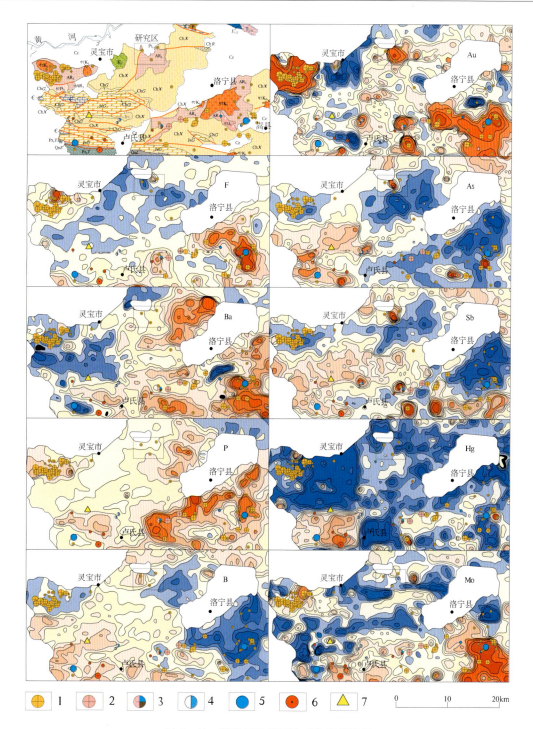

图 4-12 研究区及邻区地球化学剖析图

Ar_3. 新太古界太华岩群及变质深成侵入体；Pt_1. 古元古界；ChX. 长城系熊耳群；ChG. 长城系高山河群；ChR. 长城系汝阳群；JxG. 蓟县系官道口群；QbL. 青白口系栾川群；Pz_1T. 下古生界陶湾群；∈. 寒武系；P. 二叠系；T_{2-3}. 中—上三叠统；J_{1-2}. 下—中侏罗统；K_2. 上白垩统；Cz. 新生界；$\eta\gamma J_3$. 晚侏罗世二长花岗岩；$\eta\gamma K_1$. 早白垩世二长花岗岩。1. 金矿；2. 银矿；3. 铅锌银矿；4. 铅锌矿；5. 钼矿；6. 铁矿；7. 硫铁矿

①Au、Ag、Pb、Zn、Cd、Mo 等成矿元素异常均在 3 个地区发育,不同的是在崤山地区强度较低;②As 元素具有远程低温和近程中—高温两种扩散属性,小秦岭、熊耳山近矿发育的 As 异常,在崤山地区强度亦较低;③远程低温指示元素 Sb、Hg 异常,在崤山地区高于小秦岭和熊耳山地区;④岩浆射气元素 F 的强度崤山低于其他两地区,P、Ba 异常强度 3 个地区由西向东增高;⑤低温造岩元素 B 在小秦岭和熊耳山地区有明显的(岩浆)热散失,崤山东南部也有明显的负异常,但崤山地区 B 的总体含量较其他两地区高。以上说明,小秦岭、崤山和熊耳山有相同的成矿地球化学场;不同在于,与岩浆(成矿)活动有关的元素场在崤山地区相对较低。总而言之,3 个地区地质、地球物理、地球化学信息一致,崤山较已知有金矿床密集分布的其他两地区剥蚀程度低,深部找矿潜力巨大。

就研究区范围而言,黄土覆盖区有强的金的异常趋势存在,代表了新太古代含金建造的存在,Sb、As、F、B 等构造-岩浆活动指示元素亦存在异常,具备了"复合内生型"的成矿特点。

第三节 覆盖区综合勘查技术方法应用研究

一、研究思路与工作布置

本次在覆盖区进行矿产勘查技术方法应用研究的思路是:以大比例尺高精度磁测-VLF 实现地质构造填图,推断成矿构造体系;以气体-金属活动态地球化学测量了解构造地球化学异常特征;以大功率激电测量进一步推断断裂中可极化物质的存在与否;综合推断覆盖层下成矿断裂构造格局及可能的成矿部位。

根据以上思路,在崤山北麓黄土浅覆盖区进行了 1∶1 万高精度地面磁测,考虑部分地段黄土较厚,没有进行 VLF 面积测量。基于高精度磁测推断的有利成矿构造部位,完成了两条 VLF-IP-深穿透地球化学综合剖面测量工作。

二、高精度磁法测量

按线距 100m,点距 20m,在桑树洼—申家窑一带开展地面高精度磁测 24.2km²。对高精度磁测数据进行了几乎所有方法的处理,包括一些一般用于地球化学数据的异常分析方法。数据处理结果表明:ΔT 化极、垂向一阶导数和水平(总)梯度模异常均能很好地指示太华侵入杂岩中的磁性侵入体;梯度模异常轴线较全面指示了不同方向断裂带分布及其相互关系(图 4-13)。

磁异常总梯度模确定磁源边界位置的方法,是一种非常有潜力的地球物理方法(黄临平等,1998)。磁异常总梯度模为:

$$\Delta T_G = (\Delta T_x^2 + \Delta T_y^2 + \Delta T_z^2)^{1/2}$$

式中:ΔT_x、ΔT_y、ΔT_z 分别为总磁异常 ΔT 的两个水平梯度分量与垂直梯度。

对于二度体磁异常总梯度模为:

$$\Delta T_G = (\Delta T_x^2 + \Delta T_z^2)^{1/2}$$

对于有一定水平尺度的磁性体,ΔT_G 极大值与磁性体浅部边界有较好的对应关系,利用

ΔT_G 可以较准确地圈定磁性地质体的边界位置。磁异常总梯度模 ΔT_G 受叠加异常影响小,不受正常场选择的影响,具有较强的分辩叠加异常的特性,在区域磁异常研究中可以用来划分构造单元、确定构造带的位置、区分不同岩性与地层分布等,具有很高的实用价值。

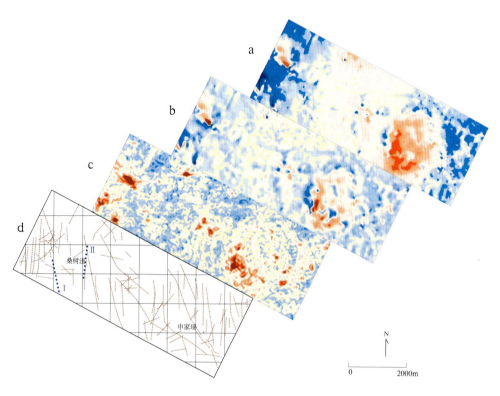

图 4-13 桑树洼—申家窑一带高精度地磁异常及推断构造图
a. ΔT 化极异常图;b. 垂向一阶导数异常图;c. 水平梯度模异常图;d. 推断构造图;Ⅰ、Ⅱ. 综合剖面位置

图 4-13 中南东部强磁异常对应太古宙片麻状花岗闪长岩,东缘水平梯度模异常带对应申家窑金矿近南北向追踪断层和北西向金矿体。西部水平梯度模异常带对应有近东西走向金矿点。可以看出,水平梯度模异常带显示网络状的北西、近东西、近南北及北东走向断裂带的展布,对应断裂带的效果很好。结合向上延拓 100m 的 ΔT 化极方向导数异常,推断覆盖区断裂构造分布见图 4-13c。

三、甚低频电磁法(VLF)测量

在基于高精度磁法面积测量推断解释的有利构造部位进行两条综合剖面测量(图 4-13)。Ⅰ线(VLF-1)等效电流密度等值线剖面图(图 4-14),在南端和中部发育有较强的低阻异常带。Ⅱ线(VLF-2)等效电流密度等值线剖面图(图 4-15),在剖面南、北两端有较强的低阻异常带。以北端最强,其中北部极高甚低频低阻异常系由高压线电磁干扰所引起。从等效电流图上可看出两条剖面均有较宽范围的构造低阻带发育,并且与高精度地磁推断的构造位置吻合。从 VLF 线性滤波电流密度等值线剖面图分析,本区矿化低阻带的产状以向南陡倾为主。

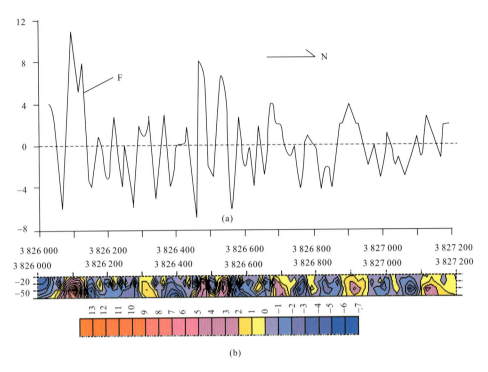

图 4-14　Ⅰ线(VLF-1)Fraser 滤波剖面(a)和等效电流密度图(b)

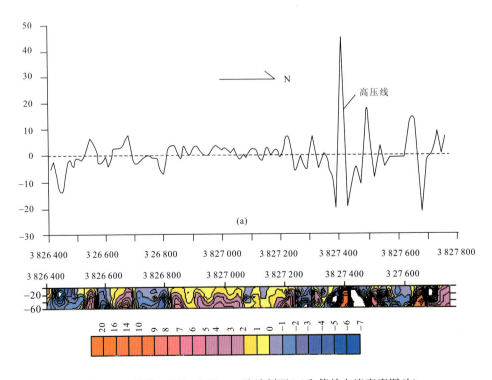

图 4-15　Ⅱ线(VLF-2)Fraser 滤波剖面(a)和等效电流密度图(b)

四、大功率激电方法测量

大功率激电测量表明(图4-16)，Ⅰ线中部激化率较高，电阻率高低跳跃，反映宽大构造带中硅化与中部普遍含有黄铁矿化的特征；Ⅱ线北端低阻、高激化部位与VLF低阻异常吻合，反映含水构造带或硫化物矿体的特征。

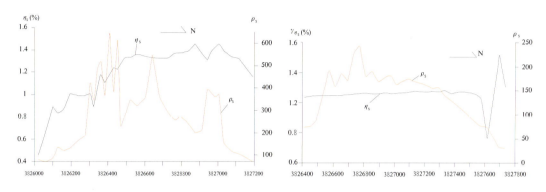

图4-16　Ⅰ线(a)Ⅱ线(b)大功率激电剖面图

五、气体地球化学测量

同以上VLF及大功率激电方剖面位置，按采样间距40m，部分异常点点距加密至20m，进行了气体地球化学剖面测量。在Ⅰ线发现两处CO_2-Rn气体异常(图4-17)，位于剖面的中南部和北端，并与土壤热释汞异常吻合程度高。从气体异常推测断裂带向南倾斜。Ⅱ线CO_2-Rn气体异常突出在南端和中北部，同样与土壤热释Hg异常吻合好(图4-18)。

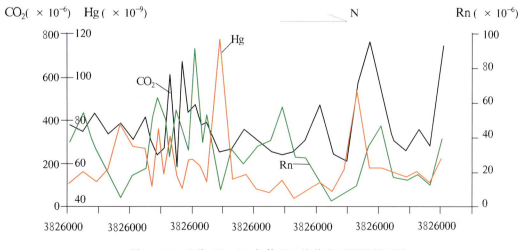

图4-17　Ⅰ线CO_2、Rn气体和土壤热释汞测量剖面图

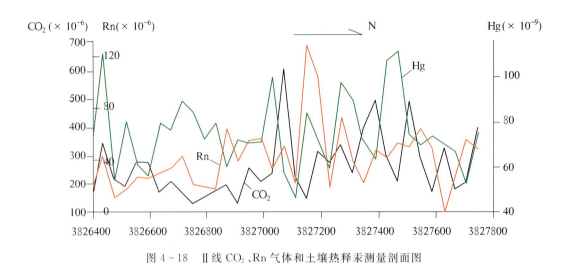

图 4-18　Ⅱ线 CO_2、Rn 气体和土壤热释汞测量剖面图

六、金属活动态测量

在进行气体地球化学测量的同时进行了金属活动态剖面测量,采样间距为 40m,部分异常点加密至 20m 点距。Ⅰ线中南部和北端发育 Cu、Bi 活动态异常,相应位置的活动态 Au 异常呈规律性的南偏,说明活动态 Cu、Bi 发育在断裂头部位置,Au 沿断裂倾向方向趋向深部富集(图 4-19、图 4-20)。

Ⅱ线活动态 Au、Ag、Sb 异常相关性很高,剖面两端强异常、中间弱。Au、Ag、Sb 为典型的低温热液金矿成矿元素组合,具很好的找矿指示意义。

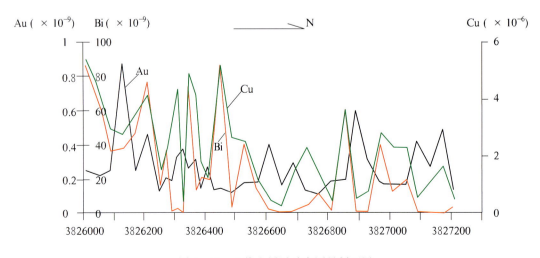

图 4-19　Ⅰ线金属活动态测量剖面图

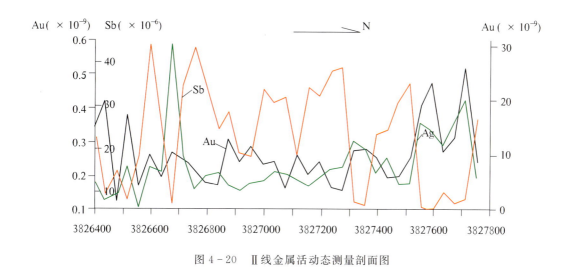

图 4-20　Ⅱ线金属活动态测量剖面图

七、小结

本次按照既定的设计技术路线,完成了山麓浅覆盖区矿产勘查综合技术方法研究工作。从各种方法的对应性来看,面积性高精度磁法推断的断裂构造与甚低频法、电阻率法剖面十分吻合,并与气体(CO_2、Rn)地球化学测量、土壤热释 Hg 及金属活动态异常的吻合程度也较高,充分说明各种方法的有效性。就找矿效果而言,Ⅰ线剖面中部存在极化率异常,并存在相对弱的其他方法异常,剖面西侧相邻有金矿采矿活动,说明该剖面深部存在隐伏构造蚀变岩型金矿的可能。Ⅱ线存在矿化的可能性小,如存在矿化应有相当的深度,其中剖面北端电阻率与极化率的畸变可能存在人文干扰。需要指出的是,地球物理与地球化学方法的有效性体现在场与空间分析,本次工作的试验工作量不大,不能以线概面。如本次工作开展的面积性高磁测量工作就有非常好的找矿效果,磁法推断的大量覆盖断层中,其中有很多符合已知矿床控矿构造的展布规律,展示该覆盖区有广阔的找矿空间。

从方法试验结果不难得出,适合豫西黄土覆盖区寻找构造蚀变岩型金矿的技术方法组合是:以大比例尺高精度磁测-甚低频-气体地球化学测量方法组合进行扫面,推断覆盖区控矿构造空间展布,圈定靶区并初步定位控矿构造位置;以大功率激电-金属活动态剖面测量进一步解剖推断含矿构造部位;最终进行钻探验证。这一方法组合所指的主要是覆盖矿和覆盖条件下的浅部矿,既覆盖又深隐伏的就需要配合深探测的物探方法了,如 CSAMT(或 EH-4)-SIP 组合。

综合的方法非常重要,以上有关覆盖区的找矿技术手段之间互为补充,相得益彰,可一次工作流程完成全部工作。有关扫面的经济成本与设备价格是非常低廉的,且非常便捷和易于掌握技术,一般工人当场培训即可胜任工作。

第五章 遥感地质技术应用研究

第一节 遥感地质技术应用概况

一、常用遥感地质数据

在世界范围内遥感经历了20世纪60年代奠基、70年代发展、80年代巩固和90年代大发展4个重要阶段，每一阶段都有其自身的技术特点和应用范围。遥感技术已从摄像管技术发展到成像光谱仪技术，最近10年期间遥感信息的挖掘由"粗糙"到"精细"，解释由定性到定量，地物识别由间接到直接，形成了多层、立体、全方位、全天候的对地观测网，遥感技术正向着观测系统化、技术一体化、应用模型化、反演定量化和过程数字化方向发展。

经过半个世纪的历程，包括存档数据在内的可用于遥感地质解释的数据达30种以上。20世纪80年代以前，地质矿产工作中应用的遥感数据源主要以航片和MSS卫片为主，精度较低，数据处理技术落后，多为直接使用。到了90年代，精度稍高的航片和TM等卫片得到广泛应用。近几年来可供选择的遥感数据源越来越多，ETM+、SPOT、IKONOS、QUICKBIRD、ASTER等高精度数据在地质矿产工作中相继得到应用。如ETM+、ASTER数据可用于1∶5万以下比例尺的地质解译和信息提取，SPOT数据可用于1∶1万以下比例尺的地质解译和信息提取，IKONOS和QUICKBIRD可用于1∶5000以下比例尺的地质解译及辅助地质填图。

我国2007年9月19日发射的中巴地球资源卫星02B星（CBER-02B），分辨率达2.36m，可用于1∶1万、1∶5000地质解译。

二、遥感地质技术应用

不同高空的遥感影像具有不同尺度的俯视功能，遥感在大型构造解释与研究方面有着地质填图不能取代的作用。遥感图像数据反映的线性、环形构造十分丰富，使之在构造分析方面有着突出优势。基于岩矿石的波谱特征和纹理特征，通过高分辨、多光谱或高光谱数据的融合可实现大比例尺地质填图。高光谱分辨率遥感利用很多很窄的连续的电磁波段从感兴趣的物体中获取有关数据，能够以足够的光谱分辨率分出那些具有诊断性光谱特征的岩石矿物，使矿物或矿物集合体的直接识别成为可能，从而实现岩性识别和矿物丰度制图，利用矿物共生组合规律、分带性与差异性分析地质作用的类型、成岩和成矿等信息，开辟了遥感地质应用的新局面。通过遥感线性体提取与密度的统计分析，可与矿床之间建立起关联；基于不同波段遥感数据的主成分分析，可以提取与成矿有关的铁染、羟基异常和植物异常，从而使遥感具有了成矿预测的功能。

遥感地质技术应用既面临优势又面临挑战,在高植被地区的遥感地质应用仍是多年来尚未解决的难题。遥感数据与其他多源地学数据融合,如何发挥在成矿预测中的作用,是当前人们普遍感兴趣的课题。

河南省遥感地质工作总体比较薄弱,20世纪70年代曾开展了河南省1：50万遥感地质编图,2001年完成了河南省国土资源遥感调查。在目前开展的地质项目中,虽不同程度的有所应用,但这种应用的水平还比较低,缺少遥感填图功能的应用和成矿信息的深入挖掘。

第二节 卢氏研究区遥感蚀变信息提取

一、ASTER数据特点

选取ASTER数据开展研究区与金属矿化相关的蚀变信息提取工作(图5-1)。ASTER有较高的空间分辨率(近红外区域为15m),与ETM+和TM相比有较多的通道。ASTER是由美国国家航天局1999年12月发射的对地观测系统卫星(Terra)携带的多光谱观测仪。ASTER传感器由日本制造,研制ASTER主要目的之一是为了提高资源勘查效率,它是对ETM+和TM的补充和增强。由于它在短波红外区,把蚀变谱带光谱设为6个波段,使得对于特定的蚀变矿物组合的识别更为现实。在热红外区设计的5个波段,使有可能利用ASTER数据进行岩性识别研究。在短波-红外(SWIR)子系统中,各矿物在不同的波段具有不同的吸收波谱特征,波段5和波段6主要是含Al(OH)的矿物如高岭石、地开石、伊利石、白云母、明矾石等的吸收光谱范围；波段8和波段10主要是硅酸盐矿物的吸收波段,这些波段对长石类、橄榄石类和辉石类矿物有吸收特征；碳酸盐类矿物的吸收特征主要集中于波段7至波段9。不同岩石类型是由不同矿物集合体组成的,因此不同波段部分地体现了主要矿物的波谱特征。在当前高光谱遥感数据还不能全面获得的情况下,ASTER遥感数据可以满足地质学家的要求。ASTER可见光-红外(VNIR)子系统能够提高分辨地质体和地质现象的能力,可以进行岩石、构造的研究。采用高光谱遥感数据的处理方法,可以进行与矿化有关的蚀变矿物填图。对热红外遥感数据可以进行岩石成分(如SiO_2含量)填图。例如:绢云母和高岭石在ASTER波段6处强吸收,绿泥石在ASTER波段8处强吸收。因此,ASTER数据能用于解决一些新的地质问题,有进行蚀变矿物填图和岩性填图的潜力。

ASTER与其他遥感卫星传感器相比,ASTER有其独特之处(表5-1),具有VNIR波段向后观测的高空间分辨率和对地球进行沿轨道的立体覆盖能力；能获取具有高空间分辨率的TIR的多谱段数据；在TERRA卫星的5种有效载荷里具有最高空间分辨率的地面光谱反射率、地面温度和发射率数据。与ETM+比较谱段更细,组合形式更多。首先从波段数目来看,ETM+只有8个波段,其中VNIR、SWIR和TIR分别对应有4、2、1个波段,外加一个$0.522～0.9\mu m$的全色波段(Pan)；而ASTER的VNIR、SWIR和TIR对应有3、6、5个波段。由此可见,ASTER在波段细分上是占据明显优势的,其获取的信息量更丰富,识别地物的能力也更强。RGB复合图像是光谱分析的最重要的基本形式,据组合ETM+只可能有56种形式,而ASTER可达到364种。同时ASTER有较高空间分辨率,从分辨率来看,ETM+在各波段的分辨率分别为30m(VNIR-SWIR)、60m(TIR)和15m(Pan)；而ASTER的子系统在

图 5-1 原始图像 7、3、2 假彩色合成图

VNIR 的空间分辨率可达到 15m。ASTER 具有立体观测能力,ASTER 的 VNIR 子系统有一个用于沿轨方向立体观测的向后观测谱段和需多轨观测的侧视立体观测系统,地面分辨率为 15m。研究人员可利用立体数据得到数字高程模型(DEM),利用星下点后视立体观测结构更能获得无云图像对。

ASTER 是介于高光谱数据与 ETM 通用数据之间的一种优良的影像源,利用地质学上正好需要的分辨率足够的那些波段,方法可借用高光谱的处理方法,提取方法及手段可以借用 ETM 成熟及成功的案例,这不失为一种很好的遥感矿化异常提取方案。

蚀变异常提取的光谱依据和地质基础:每一种岩石由数种(或一种)矿物组成,而每一种矿物有其特征光谱。一种岩石的(甚至一种矿物的)光谱可能是非常复杂的。为了提取蚀变矿物组合的信息,并为了依据这些信息区分矿床类型,必须极大地简化研究目标,试图找出可以表征某种类型矿床起主导或基本作用的蚀变矿物组合。利用 USGS 数字光谱库 splib05a 编制的光谱图库可以优选波段组合开展蚀变信息提取工作(图 5-2)。

表 5-1　ASTER 传感器与其他传感器数据比较

传感仪及波段范围		空间分辨率(m×m)	幅宽(km)	波段数(个)	立体像对
ASTER	Multi/VNIR	15×15	60	4	有(沿轨)
	MultiS/WIR	30×30	60	6	无
	Multi/TIR	90×90	60	5	无
MODIS	Multi/VNIR	250×250	2330	2	无
	MultiS/WIR	500×500	2330	5	无
	Multi/TIR	1000×1000	2330	29	无
LandSat7/ETM+	Multi	30×30	185	7	无
	Pan	15×15	185	1	无
SPOT5/HRG	Pan	5×5	60	1	无
	Multi/VNIR	10×10	60	3	有(交轨)
	Multi/SWIR	20×20	60	1	有(交轨)
SPOT5/HRS	Pan	10×10	120	1	有(沿轨)

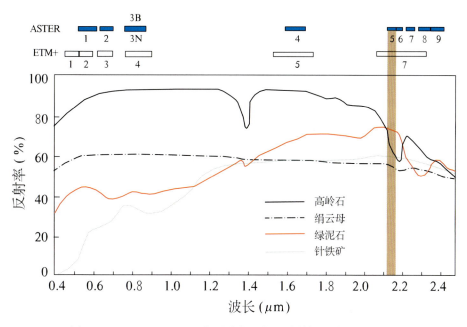

图 5-2　ASTER、ETM+ 典型蚀变矿物的波谱与通道的对应关系

二、遥感图像干扰信息处理

图像干扰处理主要包括植被、冰雪、阴影、云掩膜。植被：band 3/band 2；冰雪：band 1/band 9；阴影：band 8 低端切割；云：band 1 高端切割。掩膜后的图像见图 5-3。

对掩膜(即去除环境干扰后图像)前后各波段的数据做统计分析(表 5-2、表 5-3)发现掩膜后图像像元灰度值的均值有所下降、标准差有所提高。说明掩膜后图像整体亮度有所降低，数据更加集中。

图 5-3 掩膜后的图像

表 5-2 掩膜前各波段数据统计表

BasicStats	Min	Max	Mean	Stdev	Num	Eigenvalue
Band1	47	255	68.699 816	8.817 257	1	625.248 272
Band2	26	224	49.487 257	9.695 583	2	50.619 507
Band3	19	138	40.733 930	8.309 212	3	12.400 405
Band4	14	108	39.790 039	9.833 894	4	2.401 631
Band5	16	89	35.095 971	7.574 847	5	1.967 134
Band6	13	106	37.698 742	9.503 947	6	1.500 153
Band7	13	95	33.336 581	8.135 891	7	1.126 043
Band8	12	106	33.887 390	9.003 934	8	0.959 482
Band9	16	99	35.135 962	8.031 342	9	0.743 522

表 5-3 掩膜后各波段数据统计表

BasicStats	Min	Max	Mean	Stdev	Num	Eigenvalue
Band1	0	88	50.521 129	31.747 647	1	3874.963 396
Band2	0	94	37.062 165	23.898 681	2	43.846 210
Band3	0	68	29.975 465	19.440 870	3	8.116 767
Band4	0	72	30.561 632	20.139 006	4	2.864 054
Band5	0	63	26.808 000	17.426 879	5	1.338 785
Band6	0	74	29.069 077	19.216 880	6	1.076 809
Band7	0	62	25.621 829	16.867 267	7	0.860 021
Band8	0	69	26.198 704	17.425 003	8	0.732 133
Band9	0	69	26.924 940	17.625 067	9	0.551 864

三、遥感图像蚀变信息提取

对 ASTER1、4、6、7 应用掩膜做主成分分析。统计分析见表 5-4 和表 5-5。PC4 中的亮度信息代表了羟基信息。

表 5-4 特征值

Num	Eigenvalue
1	4066.328 182
2	62.875 785
3	3.120 543
4	2.247 120

表 5-5 特征向量

Eigenvector	Band 1	Band 4	Band 6
1	0.493 879	0.313 011	0.298 677
2	0.505 499	-0.316 359	-0.304 113
3	-0.018 558	-0.486 430	0.098 042
4	0.014 467	-0.255 591	0.555 603

由上表可以看出 PC1 主要反映了 ASTER 波段 1 的信息;PC2 主要反映了 ASTER 波段 1、ASTER 波段 2、ASTER 波段 3 的信息;PC3 主要反映了 ASTER 波段 4、ASTER 波段 7 的信息;PC4 主要反映了 ASTER 波段 6 和 ASTER 波段 7 的信息。根据羟基类蚀变矿物的波谱特征,PC3 中的亮色调部分表征了含羟基类蚀变矿泥化信息。对提取出泥化信息的图像做中值滤波,见图 5-4。

对 ASTER 波段 1、2、3、4 应用掩膜做主成分分析,统计分析见表 5-6 和表 5-7。可以看出 PC1 主要反映了 ASTER 波段 1 和 ASTER 波段 2 的信息;PC2 主要反映了 ASTER 波段 1 和 ASTER 波段 4 的减信息;PC3 主要反映了 ASTER 波段 1 的加信息和 ASTER 波段 3 的减信息;PC4 主要反映了 ASTER 波段 2 的减信息和 ASTER 波段 3 的加信息。根据铁染类蚀变矿物的波谱特征,包含这类蚀变异常的图像应该具有 ASTER 波段 2 和 ASTER 波段 3 相反的贡献值,故 PC4 中的暗色调部分表征了铁染信息。

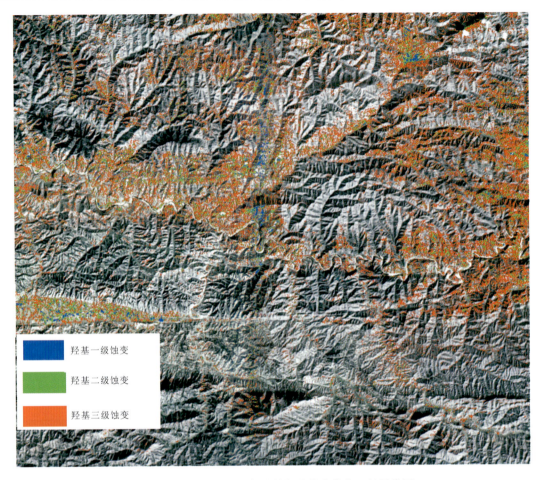

图 5-4 基于 ASTER 提取的羟基蚀变信息三级异常图

表 5-6 特征值

Num	Eigenvalue
1	4 670.391 139
2	38.342 571
3	12.521 732
4	3.918 517

表 5-7 特征向量

Eigenvector	Band 1	Band 2	Band 2	Band 4
1	0.462 766	0.348 989	0.283 026	0.289 742
2	0.408 331	0.017 562	−0.109 276	−0.566 583
3	0.319 406	−0.311 039	−0.454 179	0.308 149
4	0.130 741	−0.530 239	0.449 083	−0.008 826

利用波段比值 2∶1(R)、4∶3(G),以及波段 1、2、3、4 的主成分分析 PC4 向量(B)合成褐铁矿化增强图像(图 5-5),再对该信息增强图像做芒塞尔彩色空间变换,使其从 RGB 空间变换到 HSV 空间,增强图像的色调。最后对 H 分量做中值滤波处理并选取适当的阈值进行分割,得到铁染异常分类信息,将这一信息叠加到遥感图像上制作成铁染蚀变异常遥感图(图 5-6)。

一级蚀变信息表示矿化信息最强,其次为二级蚀变信息和三级蚀变信息。羟基蚀变和铁染蚀变的套合区是成矿有利的找矿靶区。

图 5-5 褐铁矿化增强图像

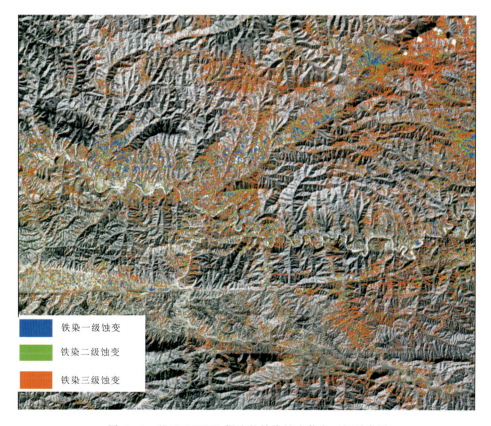

图 5-6 基于 ASTER 提取的铁染蚀变信息三级异常图

第三节 遥感地质解译

遥感技术是地质填图的一种重要手段,20世纪80年代以来遥感技术的迅猛发展和计算机数字化处理技术的不断成熟,世界上一些幅员较大的国家如俄罗斯、美国、加拿大、澳大利亚、印度、巴西等国通过利用遥感技术,加速完成了中比例尺的区域地质调查工作,并积极推进了大比例尺填图的步伐。近年来国外新技术的开发应用对区域地质调查正产生革命性的影响。实践证明,遥感技术在岩性识别、构造解译、侵入体单元-超单元划分和新生界沉积物成因分类等方面有明显的优势。

一、遥感数据及其解译流程

根据研究区植被覆盖度高于50%的现状,本项研究选取不同尺度的遥感数据开展遥感地质解译工作,遥感数据包括1:10万的ETM、ASTER,1:5万的SPOT5以及1:1万的IKONOS和QUICKBIRD。以区域1:5万地质图为参照底图,利用主成分分析、比值分析等方法,解译并综合分析研究区主要地质要素(地层、断层和岩体等)。由此,制订了遥感解译流程图(图5-7)。

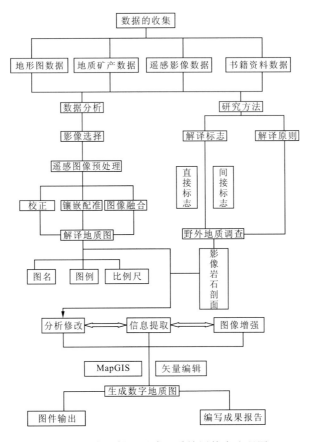

图5-7 大比例尺遥感地质填图技术流程图

遥感地质解译工作目标任务主要有两个方面：一是小比例尺解释大型变形构造，争取在地层对比和区域构造格架方面取得新的见解；二是栾川赤土店一带高空间分辨率遥感的1:1万填图，重点是不同数据在本地区岩性识别方面的适应性和岩层产状的识别。

二、遥感解译概述

（一）遥感解译的原则和解译标志

遥感解译原则：在做初步解译时，对影像的总体区域进行研究，应该把握先从自己了解的地方入手，先解译清晰的部分，后解译模糊的部分；先山地，后平原；先构造，后岩性；先断裂，后褶皱；先解译显露的，后解译隐伏的；总之就是先易后难。解译过程中主要采用多级解译、反复解译和由易到难过渡的综合解译，并将解译成果与野外验证紧密结合起来。在该区填图过程中应用遥感手段，能够充分体现遥感图像视域广阔、地貌形态逼真、地质概括力强、信息丰富的优势，达到加快填图速度、缩短填图周期、提高填图质量的目的。

遥感解译标志：遥感影像解译标志也称判读要素，它能直接反映判别地物信息的影像特征，解译者利用这些标志在图像上识别地物或现象的性质、类型或状况，因此它对于遥感影像数据的人机交互式解译意义重大。建立遥感影像解译标志可以提高我国遥感影像数据用于基础地理信息数据采集的精度、准确性和客观性。解译标志主要有直接解译标志和间接解译标志。直接解译标志中最基本的要素就是色调和图形，色调反映影像的物理性质，图形反映影像的几何特征。间接解译标志则是通过与之相关的其他地物在影像上反映出来的特征，推断地物或者地质体的属性。在影像上选择典型的标志建立区的要求是：范围适中以便反映该类地貌的典型特征，尽可能多地包含该类地貌中的各种基础地理信息要素类且影像质量好。标志区的选取完成后，寻找标志区内包含的所有基础地理信息要素类，然后选择各类典型图斑作采集标志，然后去实地进行野外校验，对不合理的部分进行修改，直到与实地相符为止。同时拍摄该图斑地面实地照片，以便影像和实际地面要素建立关联，表达遥感影像解译标志的真实性和直观性，加深使用者对解译标志的理解。

（二）遥感影像的地质特征

1. 岩性特征

在遥感图像上，三大岩类划分的基本特征如下：

（1）石灰岩在地貌上表现为陡坎及岭谷相间的条带状，在卫星影像上反映为浅蓝色、灰白色及浅褐色粗条带状影纹，层理清晰，水系平直，且河谷转弯时较急，次级水系与主干水系表现为"丰"字形。

（2）碎屑岩由于受物理风化影响大，表层风化的残坡积物覆盖其上，地貌较为圆滑，多呈丘状，加之风化后常带浅褐色及浅黄色。所以影像常呈浅褐色、浅蓝色圆滑丘状影纹，层理不清，走向多无法辨认。水系十分发育，且呈网状或羽毛状，河谷转弯处较圆滑。

（3）火山岩机构及喷溢爆发相在遥感图像上很容易识别，多为环状锥形影像，又无层理显示。

2. 岩石组合单元

在遥感图像上依据岩性块来划分岩石组合单元十分准确。一般来讲，不同的岩性组合都有其不同的影像特征。鉴于区内工作程度低，所以解译时先划分出不同的影像块，若一个影像块内有一条路线穿越，就可以基本掌握其岩性组合特征，这给野外工作带来极大的方便，可以使以后的工作有很大的预见性，重点突出。如灰岩夹砂岩，灰岩在地貌上往往形成陡坎，而砂岩由于风化呈丘状，其组合在影像上表现为层理清晰的条带状影纹夹浅褐色不显层理的浑圆丘状影纹。

3. 地层划分

在遥感图像上初次划分地层往往是比较困难的。因为不同时代的地层可以具有相同的影像特征，或同一时代的地层在不同地貌单元有不同的影像特征。但是若了解了各组的岩性特性及其在不同地貌的影纹特征，参照1∶5万地质图，在图像上还是很容易划分地层的。

4. 构造

利用遥感图像解译构造有其独到之处，遥感图像的宏观性、真实性、准确性及透视性是野外工作无法替代的。

(1)构造单元划分。新生代的构造特征在遥感图像上一目了然，前新生代的构造特征通过仔细辨认，老地层的褶皱变形及断裂特征也很容易识别。所以，在遥感图像上对构造单元划分有其独到之处。如研究区内依据新生代的两个东西向的断陷带将前侏罗纪隆起区分割为3块，各隆起区构造特征各不相同，为3个不同的构造单元，加两个新生代断陷带，区内共划分出5个构造单元。

(2)褶皱。依据地层的对称性，尤其是地层完整的转折端，在影像上很容易识别出褶皱构造，并且依据"V"字形法则，能够辨认出背斜或向斜。

(3)断裂。在遥感图像上利用影像的截然变化、地质体的错位、河流展布及急速转弯、泉眼及火山岩的线状分布等，很容易识别断裂构造。

(4)环状构造。主要依据环带状影像及放射状水系判别。区内解译出6个环状构造。这一方面是因覆盖严重，另一方面因环状构造多为地下隐伏构造，在地表不易验证。

(5)不整合面。利用遥感图像两侧影像的截然变化及地层变形特征的不同，很容易识别不整合面。区内地表有一个不整合面出露，但解译时未注意到此问题，误解译为断裂。若稍加留意，可以看出不整合面两侧地层走向相交，且平面上弯曲延伸，与断裂明显不同。

(6)第四纪地貌及现代构造运动。遥感图像对第四纪地貌反映最为直观，高山、丘陵、湖泊及河流等一目了然，并利用山前断裂带线状展布的扇积群、河流阶地可直接判断现代地壳的抬升运动等。

三、研究区遥感解译

对于本次的研究区，由于植被覆盖区比较多，可以根据对遥感图像的初步解译，将图像进行分区解译：良好区、中等区和差等区。

(1)良好区：掩盖较少，基岩露头良好，解译标志稳定，利用遥感图像可判译出不同岩石类型，能勾绘出全区构造轮廓和解译出大部分地质构造细节。

(2)中等区：有一定程度的掩盖，虽然基岩出露较好，但解译标志不稳定，利用遥感图像只能大致勾绘全区地质构造轮廓和解译出部分地质构造内容。

(3)差等区:有较大程度的掩盖,地形平坦破碎,无明显解译标志稳定存在,大多属第四系沉积或植被覆盖区。

在野外踏勘之前对本区影像进行了概略解译,确定了本区构造的基本格架,圈定了不同岩体和环形构造,解译出研究区出露岩性地层的基本轮廓和单元,并对区内岩体出露层位、空间展布以及蚀变分带等特征获得了一定的认识。在野外测制剖面与踏勘工作的基础上,对本区进行了详细解译。建立了与实地剖面相应的遥感图像影像地层剖面,在野外地质特征与影像特征结合的基础上,在已确定填图地层单元的前提下,细化了部分地层解译成果,增补了部分局部构造解译成果。综合全部遥感解译成果得到了研究区的遥感地质解译图。不同尺度遥感图像解译结果如下。

1. ETM 遥感解译

主要利用能够反映地质信息的波段组合(R7,G4,B2)开展研究区的遥感地质信息提取工作。一方面提取区域构造信息,另一方面最大限度地提取地层界线(图5-8)。

图5-8 栾川地区遥感 ETM 影像地质解译图

2. ASTER 遥感图像解译

ASTER 数据的主成分分析有利于提高构造信息的识别。区域构造存在隐伏性质,根据主成分分析可以利用图像的色调、纹理和组合特征等综合信息识别地质要素(构造)(图5-9)。但是 ASTER 数据的最大制图精度为1∶5万,SPOT5 数据的最大制图精度为1∶1万,而 QUICKBIRD 数据能够达到1∶2000。SPOT5 数据、QUICKBIRD 数据在第四纪地层、岩体识别及其地质要素边界的提取具有显著作用,但是其只有4个多光谱波段,不利于主成分分析方法进行综合判别和区分地物类型。上述3种数据互相辅助有利于提高大比例尺的地质填图精度。

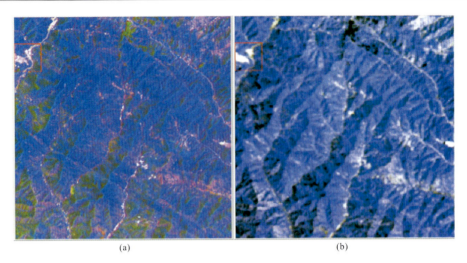

图 5-9　基于可见光、短红外 9 个波段的主成分分析(PC213)、
可见光波段(213)信息(构造)对比图[(a)图的左下方北西向断裂显识别]

根据已有的遥感数据包括 ASTER、SPOT5 和 QUICKBIRD 数据,辅助区域 DEM 数据,并参照区域 1∶5 万地质图,利用主成分分析、比值分析等方法初步解译了研究区构造空间分布图(图 5-10)。

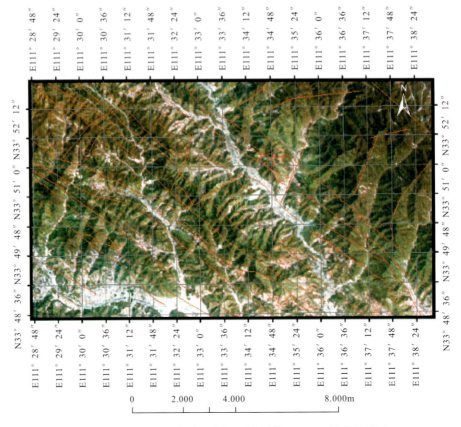

图 5-10　栾川西北部大比例尺遥感图像 ASTER 构造解译图

3. SPOT、IKONOS 和 QB 遥感图像解译

根据遥感影像特征及其图像处理需求,1∶5 万以上大比例尺遥感图像需要正射校正。即本项研究选取的 SPOT、IKONOS 和 QB 数据都需要正射校正(图 5-11)。本次研究主要使用 SPOT、IKONOS 和 QB 数据,对图像做几何精校正,利用 DEM 数据正射校正,之后对研究区遥感图像进行地质信息提取和地质填图工作。如研究区选择空间分辨率为 2.5m 的 SPOT 图像,SPOT 卫星影像的地理环境要素有色调、大小、形状、纹理、图形、高程、阴影和位置等,这些要素中除了色调与地物的波谱特性有关外,其余均与地物的空间特性相关。实体要素的判读除了使用地物的波谱特性外,对它们的空间特征进行深入细致的分析具有十分重要的意义。判读主要以影像的特征为基础。根据上述不同尺度不同类型的遥感图像解译工作,得出如下认识:①ETM 有利于区域构造格架的识别;②ASTER 有利于区域构造格架、环形构造的识别;③SPOT 有利于环形构造、线性构造综合解译(图 5-12);④QB 和 IKONOS 有利于线性构造、边界线、第四纪地层识别(图 5-13 至图 5-15)。

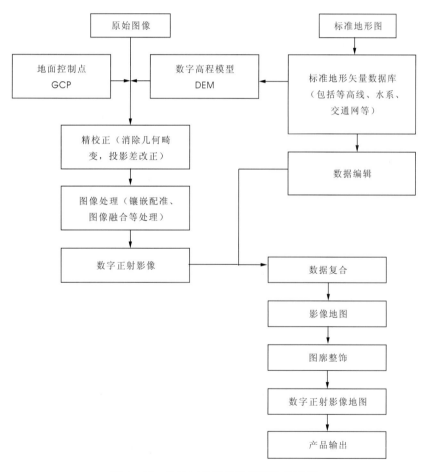

图 5-11 数字正射影像地图制作流程图

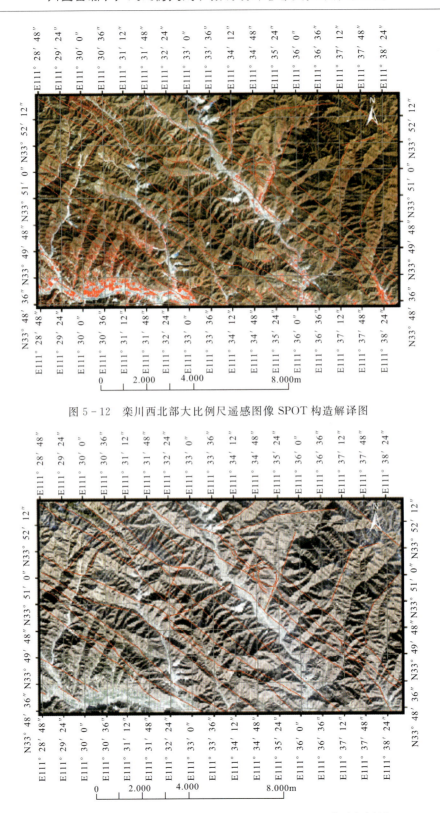

图 5-12 栾川西北部大比例尺遥感图像 SPOT 构造解译图

图 5-13 栾川西北部大比例尺遥感图像 QUICKBIRD 构造解译图

图 5-14 栾川南泥湖—竹园沟 IKONOS 遥感影像图

4. 存在的问题

在遥感交互式解译中,由于缺乏研究区野外路线的剖面填图环节,因此,降低了遥感解译的精度。尤其是对褶皱的解译,不仅需要对研究区有基本的地质认识,还需要辅助系统的野外调研。研究区的植被覆盖超过了65%,严重干扰了遥感解译的结果。尽管本次研究采用了高分辨率遥感图,如 QUICKBIRD 和 IKONOS 数据,效果依旧不明显。但是,如果辅助分辨率在10m以上的高精度 DEM 数据,从三维的角度解译遥感地质信息,效果会更佳,能够一定程度地克服植被覆盖问题。

图 5-15 栾川南泥湖—竹园沟 IKONOS 遥感影像地质解译图

第六章 结 论

第一节 研究进展和取得的主要成果

一、研究进展

本项目以先进的成矿理论为指导，探索并进行了基于地质异常理论的综合信息成矿预测和基于矿床模型的综合信息大比例尺成矿预测工作。在综合数据处理上广泛使用了国内外先进的计算机软件，基于主成分分析等数学地质方法实现了不同种类数据的地质分析与综合数据的融合，赋予了重磁梯度模的成矿预测内涵。进行了区域重力、高精度磁测、CSAMT、EH－4、大功率 IP、SIP、VLF、水系沉积物地球化学测量、裂隙地球化学测量、气体测量（CO_2、Rn）、金属活动态测量、热释 Hg、遥感（ETM＋、ASTER、SPOT5、IKONOS、QUICKBIRD）等众多矿产勘查技术方法的试验，当前国际上先进的 CSAMT、EH－4、SIP 和我国特色的深穿透地球化学方法在河南省均是首次使用。通过大比例尺成矿预测，圈定了系列找矿靶区，试验推出了基岩出露区、覆盖区内生金属矿找矿技术路线与技术方法组合，探索了高植被区不同分辨率遥感地质解译与技术方法的应用，通过钻探验证证实了有关技术手段的有效性，促使栾川西鱼库钼钨矿和断续查证长达 20 年的桐柏桐树庄地球化学异常的找矿突破。

二、取得的成果

（1）运用 1：20 万重力、1：5 万高精度磁测、1：5 万水系沉积物地球化学测量和遥感 ASTER 数据，在卢氏地区初步开展了隐伏内生金属矿产大比例尺成矿预测，研究得出该区斑岩型钼多金属矿的预测模型为：重-磁梯度模＋分形迭代主成分地球化学异常＋铁染-羟基异常，该模型与已知矿床吻合程度极高，据此圈定了一批找矿靶区。

（2）运用 1：1 万高精度磁测、裂隙地球化学测量、CSAMT、EH－4 和 SIP 剖面测量，实现了斑岩型钼多金属矿的定位预测。通过钻探验证表明栾川西鱼库钼钨矿具有超大型的找矿远景，桐树庄伟晶岩型金矿和钼矿的发现，将促使面积达 80 km^2 异常区的找矿突破。

（3）运用 1：1 万高精度磁测、气体测量（CO_2、Rn）、金属活动态测量、热释 Hg、大功率 IP 测量和甚低频测量，在崤山山麓浅覆盖区初步开展了隐伏金矿大比例尺成矿预测及找矿技术方法研究，初步圈定了 1 处找矿靶区，综合印证了所选择技术方法的有效性和经济性。

（4）通过 SPOT5、ASTER 时相数据的精选，QUICKBIRD 数据收集，有关数据的融合、小波处理等手段，在内地高植被区遥感地质填图、遥感蚀变信息提取方面取得成功。

第二节　有关研究结论

一、关于大比例尺成矿预测

本次研究开展了基于地质异常理论的综合信息成矿预测和基于矿床模型的综合信息成矿预测，两种方法的理论体系和实际操作中具体处理数据的手段基本不同，却得出了异曲同工的结果。这其中的原因就是，遵从了地质学、地球物理和地球化学的基本原理，尊重了数学原理与应用条件。

大比例尺成矿预测的具体方法因地质场不同而异，因数据种类而异，因比例尺不同而异，因不同的人机交互而异。本次大比例尺成矿预测的具体方法不一定会推而广之，但其中按照矿床模型去处理数据的理念是值得借鉴的。本次所建立的斑岩-矽卡岩型钼钨矿床的预测模型符合区域成矿规律，也符合广义的矿床模型，与已知矿床和已知矿化有极高程度的吻合，即：重力梯度模异常＋高精度地磁梯度模异常＋化探分形迭代主成分异常。这一模型是值得实践去检验的。

二、关于基岩出露区有效综合勘查技术方法

新技术和有效的矿产勘查技术方法是有技术经济背景及经济成本的。几十年来激电测量成了矿区物探的代名词。从正规测量使用约 1kW 发电机的"兵团作战"，到 20 世纪末地质工作萧条时期发明使用干电池电源，演化到后来"牵一根绳"（工程物探使用的高密度电阻率）上山，勘查深度从 300m 降到 70m。河南省大多地区普遍含碳或石墨，明知做的是无用功，但也没有其他的方法，这种惯性一直到今天。

理论上说，频谱激电是解决含炭（碳）地层区识别硫化物的唯一方法，地质矿产部第一物探大队 20 世纪 80 年代末就有了专利。但随之地质市场化的到来，再也没有人管装备了，此项技术后来用于有实力的石油部门和水电部门。因此在本研究之前，CNKI 上没有一篇关于金属矿产 SIP 方法的论文。本项目在栾川百炉沟已知矿体上进行的 SIP 剖面试验证明，SIP 确是一种非常有效的方法。同时全面开展了 CSAMT 方法试验，在栾川西鱼库和桐柏桐树庄分别深部验证见矿，说明 CSAMT-SIP 方法组合是当前深部找矿普遍适用的新的物探方法组合。对比试验说明，CSAMT 与 EH-4 有同样的效果，打消了曾担心 EH-4 会受到信号干扰、不适用于内地的顾虑。

桐柏桐树庄异常的查证史给予了我们深刻的印象，本次裂隙地球化学剖面测量表明，它是具有"深穿透"功能的裸露基岩区的一种非常好的化探方法。在当前内生金属矿产深部找矿中，CSAMT(EH-4)-SIP(大功率 IP)-裂隙地球化学方法组合具有广泛的适用性和有效性。

通过夜长坪矿区及邻区元素地球化学研究表明，F、La、Nb、Rb、K_2O 为岩浆特征指示元素，在斑岩-矽卡岩型钼钨矿主成矿因子中占主导地位，是预测该类型矿产的重要指示元素。在当今实验室设备逐渐普遍完善的条件下，Ag、Cd、Pb、Zn、Cu、Sb、Bi、W、Mo、Mn、F、Ba、Rb、Sr、La、Nb、K_2O 共 17 种元素是本地区地球化学普查应该考虑分析的元素。

三、关于山麓浅覆盖区综合勘查技术方法

除磁性矿产这一特例外,河南省山麓覆盖区内生金属矿产找矿及技术法已摆在面前。多种方法试验证明,大比例尺高精度磁测-甚低频-气体地球化学测量方法组合是适合黄土覆盖区的一种非常经济有效的技术手段组合,应进一步开展区域化探试验。金属活动态-IP组合对已圈定靶区的覆盖内生金属矿产是一种有作为的方法组合。

四、关于遥感技术方法应用

在高植被区,遥感在辅助填图、蚀变提取等方面仍有很好的应用效果。但多种数据的应用研究表明,在高植被区尚不能实现以遥感为主的大比例尺遥感地质填图,遥感地质解译工作应贯穿整个地质工作过程中。

第三节 今后工作建议

应进一步开展大比例尺成矿预测并始终贯穿于地质找矿过程中。受制于成矿理论的发展、经济技术条件和不同类型(地区)矿床的固有属性,大比例尺成矿预测工作仍处在不断发展之中,有关成果各具特色。我国成矿预测工作基本上与世界先进国家相当,处在国际先进行列。有关大比例尺成矿预测的发展趋势是,高精度、高分辨数据和深探测手段综合应用,与矿床模型的拟合程度逐渐提高。世界上一些著名矿床的发现,即是长期的综合的大比例尺成矿预测的结晶。

当前在内生金属矿产勘查技术方法上,突出体现在高精度、大功率、多功能智能化物探仪器和设备的应用。本项目所采用的 CSAMT、EH-4 和 SIP 物探方法,气体测量(CO_2、Rn)化探方法,以及高分辨(SPOT5、IKONOS、QUICKBIRD)多光谱(ARST)遥感数据的应用,均是河南省内生金属矿产勘查技术方法上的首次运用或综合运用。我国中东部地质找矿步入隐伏矿、深部矿攻关阶段,本选题即是河南省深部找矿工作的示范。通过大比例尺成矿预测→矿体定位预测→钻探发现矿产地这一完整过程,切实起到示范效应,应在今后深部找矿工作中推而广之。

本研究选题是具有示范性、前缘性和长命性的重大课题,通过一两个研究年度并不能圆满地完成命题任务,已完成工作的选区也存在个性,不能以点概全,需扩大选区和成矿类型,继续开展大比例尺成矿预测及综合勘查技术方法研究工作。已选择的勘查技术方法虽然很多,但仍有需要进行试验的方法,特别是面积性大比例尺重力测量,以及山区硬岩地震、TM 对深部控矿岩体、构造的解剖,是深部金属矿预测的重要手段,需要研究得出其适用范围,以便推广使用。

参考文献

庞振山,梁天佑,肖中军. 崤山太古宙花岗-绿岩地体的地质特征[J]. 河南地质,2000,18(1):32~37.
白万成,董建乐. 借用模型法及其在区域找矿预测中的应用[J]. 地质与勘探,2008,44(4):60~63.
毕伏科,肖文暹,阎同生. 成矿系列的缺位问题及其在成矿预测中的应用[J]. 矿床地质,2006,25(6):735~742.
波伊尔 R W. 金的地球化学及金矿[M]. 北京:地质出版社. 1984.
曹新志,孙华山,徐伯骏. 关于成矿预测研究的若干进展[J]. 黄金,2003,24(3):11~14.
曹瑜,胡光道,杨志峰,等. 基于GIS有利成矿信息的综合[J]. 武汉大学学报(信息科学版),2003,28(2):167~176.
陈建国,夏庆霖. 利用小波分析提取深层次物化探异常信息[J]. 地球科学——中国地质大学学报,1999,24(5):509~512.
陈建国,王仁铎,陈永清. 利用分形统计学提取化探数据中的隐藏信息并圈定地球化学异常[J]. 地球科学——中国地质大学学报,1998,23(2):175~178.
陈建平,王功文,侯昌波,等. 基于GIS技术的西南三江北段矿产资源定量预测与评价[J]. 矿床地质,2005,24(1):15~22.
陈瑞保,张延安. 豫西峡河岩群层序及变形特征[J]. 河南地质,1993,11(2):104~111.
陈衍景,富士谷,金持跃,等. 论砾岩层控型半宽金矿的地质特征和成因[J]. 铀矿地质,1995,11(6):334~343.
陈衍景. 豫西金矿成矿规律[M]. 北京:地震出版社,1992.
陈永清,刘红光. 初论地质异常数字找矿模型[J]. 地球科学——中国地质大学学报,2001,26(2):129~134.
陈永清,夏庆霖. 应用地质异常单元圈定矿产资源体潜在地段——以鲁西铜石金矿田为例[J]. 地球科学——中国地质大学学报,1999,24(5):459~467.
陈永清,张生元,夏庆霖,等. 应用多重分形滤波技术提取致矿地球化学异常——以西南"三江"南段Cu、Zn致矿异常提取为例[J]. 地球科学——中国地质大学学报,2006,31(6):861~866.
成秋明. 多维分形理论和地球化学元素分布规律[J]. 地球科学——中国地质大学学报,2000,25(3):311~318.
程志中,王学求,刘大文. 冲积物覆盖区活动态金属在土壤中的分配规律[J]. 地质地球化学,2002,30(2):46~48.
池顺都,赵鹏大,刘粤湘. 应用GIS研究矿产资源潜力——以云南澜沧江流域为例[J]. 地球科学——中国地质大学学报,1999,24(5):493~497.
池顺都,赵鹏大. 应用GIS圈定找矿可行地段和有利地段——以云南元江地区大红山群铜矿床预测为例[J]. 地球科学——中国地质大学学报,1998,23(2):125~128.
池顺都,周顺平,吴新林. GIS支持下的地质异常分析和金属矿产经验预测[J]. 地球科学——中国地质大学学报,1997,22(1):99~103.
崔雷,王福州. 大功率激电测量系统在某金矿区的应用[J]. 地质装备,2007,8(2):33~36.
戴自希,王家枢. 矿产勘查百年[M]. 北京:地震出版社,2004.
邓吉牛. 地质资料二次开发在矿山找矿中的作用[J]. 有色金属矿产与勘查,1999,8(6):326~626.
丁莲芳. 对豫西小秦岭太华群的重新认识[J]. 西安地质学院学报,1996,18(4):1~8.
丁清峰,孙丰月. 专家证据权重法及其在东昆仑地区的应用[J]. 地质与勘探,2005,41(4):88~94.
杜荣光,胡斌. EH-4电导率连续成像系统在银厂坡地质勘查中的应用[J]. 矿产与地质,2006,20(4~5):

参考文献

534~537.

樊战军,卿敏,于爱军,等. EH-4 电磁成像系统在金矿勘查中的应用[J]. 物探与化探,2007,31(增刊): 72~76.

樊战军,于爱军,陈孝强,等. EH-4 连续电导率测量在森林覆盖区找矿中的应用效果[J]. 黄金科学技术, 2007,15(1):48~53.

费红彩,董普,安国英. 内蒙古霍各乞铜多金属矿床的含矿建造及矿床成因分析[J]. 现代地质,2004, 18(1):32~40.

符德贵,崔子良,官德任. 保山金厂河铜多金属隐伏矿综合找矿[J]. 云南地质,2004,23(2):188~198.

高振敏,陶琰,罗泰义,等. 地球化学勘查综合方法在潞西金矿找矿中的应用[J]. 地质与勘探,2004,40(2): 55~58.

郭奇斌. 从地球物理场特征谈河南地质构造[J]. 河南地质,1992,10(4):264~272.

韩东昱,龚庆杰,向运川. 区域化探数据处理的几种分形方法[J]. 地质通报,2004,23(7):714~719.

何正伟. 求同理论指导下的无模型预测[J]. 成都理工学院学报,1998,3(增刊):28~32.

河南省地质矿产厅. 河南省地质矿产志[M]. 北京:中国展望出版社,1992.

河南省地质矿产厅. 河南省岩石地层[M]. 武汉:中国地质大学出版社,1997.

胡受奚,林潜龙,等. 华北与华南古板块拼合带地质和成矿[M]. 南京:南京大学出版社,1988.

胡受奚、陈泽铭,周顺之,等. 华北地台南缘金的成矿区(带)划分及成矿规律[J]. 黄金科技动态,1991,4:1~8.

胡志宏,周顺之,胡受奚,等. 豫西太华群混合岩特征及其与金钼矿化的关系[J]. 矿床地质,1986,5(4): 71~81.

黄力军,张威,刘瑞德. 可控源音频大地电磁测深法寻找隐伏金属矿的作用[J]. 物探化探计算技术,2007, 29(增刊):55~59.

黄临平,管志宁. 利用磁异常总梯度模确定磁源边界位置[J]. 华东地质学院学报,1998,21(2):143~150.

贾长顺,曾庆栋,徐九华,等. 综合物化探技术在黄土覆盖区隐伏金矿体预测中的应用[J]. 黄金,2005, 26(7):8~11.

贾长顺,曾庆栋,徐九华,等. 内蒙古白音诺尔铅锌矿褶皱控矿特征及找矿方向[J]. 北京科技大学学报, 2008,30(4):331~338.

贾国相,陈远荣,张美娣. 土壤二氧化碳方法找矿效果与前景[J]. 南方国土资源:2003(8):36~40.

荆凤,陈建平. 矿化蚀变信息的遥感提取方法综述[J]. 遥感信息,2005,2:62~65.

雷振宇,周洪瑞,王自强. 豫西中元古代汝阳群层序地层初步研究[J]. 地球科学——中国地质大学学报, 1996,21(3):272~672.

礼彦君,宋文君. 河南蜂山金矿半宽金矿区号矿脉微量元素统计特征[J]. 贵金属地质,1993,2(2):110~117.

李帝铨,王光杰,底青云,等. 大功率激发极化法在额尔古纳成矿带中段找矿中的应用[J]. 地球物理进展. 2007,22(5):1611~1626.

李海潮,周科,董海军. 电测深法在预测黄土覆盖区隐伏铝土矿中的应用[J]. 轻金属,2002,11:5~8.

李靠社. 陕西宽坪岩群变基性熔岩锆石 U-Pb 年龄[J]. 陕西地质,2002,20(1):37~87.

李麦兑. 崤山金矿田矿床地质特征及成矿地质条件分析[J]. 黄金地质,1997,3(2):52~56.

李文昌,李丽辉,尹光候. 西南三江南段地球化学数据不同方法处理及应用效果[J]. 矿床地质,2006,25(4): 501~510.

林宝钦. 陶铁铺豫陕小秦岭地区太古代主要含金地层地质特征研究[A]. 见:林宝钦等主编. 中国金矿类型区域成矿条件文集(3)——小秦岭地区[C]. 北京:地质出版社,1989.

林颖,凌洪飞. 遥感技术在金矿勘查中的应用进展[J]. 地质找矿论丛,2000,15(3):267~274.

刘大文. 区域地球化学数据的归一化处理及应用[J]. 物探与化探,2004,28(3):273~279.

刘国兴,王喜臣,张小路. 大功率激电和瞬变电磁法在青海锡铁山深部找矿中的应用[J]. 吉林大学学报(地球科学版),2003,33(4):551~554.

刘红艳,王学求. 金属活动态提取技术在十红滩铀矿的应用[J]. 吉林大学学报(地球科学版),2006,36(2):183~186.

刘红樱,胡受奚,周顺之. 豫西马超营断裂带的控岩控矿作用研究[J]. 矿床地质,1998,17(1):70~80.

刘亮明. 成矿理论的预测能力及其改善途径[J]. 地学前缘,2007,14(5):82~91.

刘树田,连长云. 快速评价金矿脉的壤中气汞量测量方法[J]. 黄金,1998,19(1):10~12.

刘树田,朴寿成,齐清凤,等. 厚层风积黄土覆盖区金矿脉的壤中气汞异常特征及评价[J]. 长春地质学院学报,1996,26(3):351~355.

刘树田,朴寿成. 厚层风积黄土覆盖区金矿脉的壤中气汞异常特征及评价[J]. 长春地质学院学报,1996,26(3):351~355.

刘英俊,等. 勘查地球化学[M]. 北京:科学出版社,1987.

卢欣祥. 秦岭花岗岩及其对秦岭造山带构造演化的揭示与反演-秦岭花岗岩大地构造图说明书[M]. 西安:西安地图出版社,1999.

卢作祥,范永香. 成矿预测研究的几个问题[J]. 地球科学——中国地质大学学报,1982,3:253~262.

鲁祖惠,胥爱军,陈冬荣,等. 栾川群强烈热事件终止时间的确定[J]. 郑州大学学报(自然科学版),1994,26(1):51~55.

陆松年,陈志宏,李怀坤,等. 秦岭造山带中—新元古代(早期)地质演化[J]. 地质通报,2004,23(2):107~112.

陆松年,李怀坤,李惠民,等. 华北克拉通南缘龙王幢碱性花岗岩U-Pb年龄及其地质意义[J]. 地质通报,2003,22(12):762~768.

罗铭玖,黎世美. 河南省主要矿产的成矿作用及矿床成矿系列. 北京:地质出版社,2000.

马振东. 东秦岭及邻区岩石圈金的丰度特征及与成矿的关系[J]. 地球科学——中国地质大学学报,1994,19(3):353~363.

毛景文,李晓峰,张荣华,等. 深部流体成矿系统[M]. 北京:中国大地出版社,2005.

孟贵祥,庄道泽,王为江. 西部戈壁荒漠区大极距激电找矿试验分析[J]. 地球学报,2006,27(2):175~180.

南京大学地质系. 华南不同时代花岗岩及其成矿关系[M]. 北京:科学出版社,1981.

聂兰仕,程志中,王学求,等. 深穿透地球化学方法对比研究——以内蒙古花敖包特铅锌矿为例. 地质通报,2007,26(12):1574~1578.

裴先治,李国光. 北秦岭东段峡河群中斜长角闪岩Sm-Nd同位素年龄[J]. 中国区域地质,1996,2:131~134.

裴先治,王涛,王洋,等. 北秦岭晋宁期主要地质事件及其构造背景探讨[J]. 高校地质学报,1999,5(2):731~741.

彭省临,刘亮明,等. 大型矿山接替资源勘查技术与示范研究[M]. 北京:地质出版社,2004.

齐进英. 东秦岭太华群变质岩系及其形成条件[J]. 地质科学,1992(增刊):94~107.

齐文秀,刘涛. 金属矿物探新方法与新技术[J]. 地质与勘探,2005,41(6):62~66.

任富根,李维明,等. 熊耳山-崤山地区金矿成矿地质条件和找矿综合评价模型[M]. 北京:地质出版社,1996.

任天祥,伍宗华,汪明启. 近十年化探新方法新技术研究进展[J]. 物探与化探,1997,21(6):411~417.

尚瑞钧,严阵,等. 秦巴花岗岩[M]. 武汉:中国地质大学出版社,1988.

申萍,沈远超,刘铁兵,等. EH-4连续电导率成像仪在隐伏矿体定位预测中的应用研究[J]. 矿床地质,2007,26(1):70~78.

沈远超,申萍,刘铁兵,等. EH-4在危机矿山隐伏金矿体定位预测中的应用研究[J]. 地球物理学进展,2008,23(1):559~567.

石铨曾,陶自强,庞继群,等. 华北板块南缘栾川群研究[J]. 华北地质矿产,1996,11(1):51~59.

史长义,张金华,黄笑梅. 子区中位数衬值滤波法及弱小异常识别[J]. 物探与化探,1999,23(4):250~257.

唐金荣,吴传璧,施俊法. 深穿透地球化学迁移机理与方法技术研究新进展[J]. 地质通报,2007,26(12): 1579～1590.

汪东波. 地层含金银性评价的地球化学准则[J]. 矿物岩石,1991,11(3):72～79.

汪明启,高玉岩,张得恩,等. 地气测量在北祁连盆地区找矿突破及其意义[J]. 物探与化探,2006,30(1):7～12.

汪明启. 地球化学弱信息提取[D]. 北京:中国地质大学(北京),2003.

王安建,侯增谦,李晓波,等. 成矿理论与勘查技术方法现状与发展趋势[J]. 中国地质. 2000,1:30～33.

王瑞江,王义天,王高尚. 世界矿产勘查态势分析[J]. 地质通报,2008,27(1):154～162.

王涛,胡能高,杨家喜. 东秦岭峡河岩群及有关问题讨论[J]. 中国区域地质,1997,16(4):415～421.

王学求,刘占元,白金峰,等. 深穿透地球化学对比研究两例[J]. 物探化探计算技术,2005,27(3):250～255.

王学求. 矿产勘查地球化学:过去的成就与未来的挑战[J]. 地学前缘,2003,10(1):239～248.

王学求. 深穿透地球化学[J]. 物探与化探,1998,22(3):166～169.

王学贞. 河南崤山一带金矿控矿因素探讨[J]. 西部探矿工程,2004,92:2～3.

王宗起,高联达,王涛,等. 北秦岭陶湾群新发现的微体化石及其对地层时代的限定[J]. 中国科学(D辑:地球科学),2007,37(1):1467～1473.

吴承烈,徐外生,刘崇民. 中国主要类型铜矿勘查地球化学模型[M]. 北京:地质出版社,1998.

吴锡生,纪宏金,陈明. 化探数据处理的发展、现状与趋势[J]. 物探化探计算技术,1994,16(1):84～92.

夏庆霖,陈永清. 鲁西龙宝山金矿致矿地质异常浅析及成矿预测[J]. 地质找矿论丛,2001,16(2):108～111.

谢学锦,王学求. 深穿透地球化学新进展[J]. 地学前缘,2003,10(1):225～238.

谢学锦. 战术性与战略性的深穿透地球化学方法[J]. 地学前缘,1998,5(1～2):171～183.

徐明才,高景华,柴铭涛,等. 用于金属勘查的地震方法技术[J]. 物探化探计算技术,2007,29(增刊):138～143.

徐宪立,马志永,马玉见,等. 河南省崤山地区葫芦峪大方山金矿床地质特征及找矿远景[J]. 华北国土资源,2007,1:16～17.

徐毅. 豫西地区内生金属矿床成矿多样性分析与成矿预测[D]. 北京:中国地质大学(北京),2008.

许令兵. 甚低频电磁法在河南省竹园铜矿的应用[J]. 中国地质,2001,28(11):25～28.

燕长海,刘国印,宋锋,等. 河南马超营—独树一带银铅锌成矿地质条件及找矿前景[J]. 中国地质,2002,29(3):305～310.

燕长海,刘国印,邓军. 豫西南铅锌银矿集区深部构造与成矿作用[J]. 地质调查与研究,2003,26(4):222～722.

燕长海,赵荣军,郑红星,等. 豫西南地区铅锌银沉积建造地球化学特征[J]. 物探与化探,2005.29(5):393～396.

燕长海. 东秦岭铅锌银成矿系统内部结构[M]. 北京:地质出版社,2004.

燕长海. 彭翼,等. 东秦岭二郎坪群铜多金属成矿规律[M]. 北京:地质出版社,2007.

燕建设,王铭生,杨建朝,等. 豫西马超营断裂带的构造演化及其与金等成矿的关系[J]. 中国区域地质,2000,19(2):166～171.

杨金中,赵玉灵,沈远超,等. 可控源音频大地电磁法在矿体定位预测中的应用[J]. 地质科技情报,2000,19(3):107～112.

杨礼敬,马佩文,王强国. 地面高精度磁测在筏子坝铜矿勘查中的应用效果[J]. 甘肃地质学报,2003,12(2):86～89.

杨彦峰,杨生,周振义. CSAMT在陕西凤太地区寻找隐伏金属矿上的应用[J]. 地质找矿论丛,2002,17(2):131～135.

叶会寿,毛景文,徐林刚,等. 豫西太山庙铝质A型花岗岩SHRIMP U-Pb年龄及其地球化学特征[J]. 地质论评,2008,54(5):609～711.

余学东,李应桂,杨少平. 厚层黄土覆盖区掩埋金矿的追索研究[J]. 矿物岩石地球化学通报,1998,17(3):

160～163.

袁峰,周涛发,李湘凌,等. 基于GIS的矿产资源预测现状及关键问题[J]. 合肥工业大学学报(自然科学版),2004,27(5):486～489.

曾庆栋,沈远超,刘铁兵,等. 胶东牟平发云夼金矿区地球物理综合找矿研究[J]. 湘潭矿业学院学报,2001,16(4):17～19.

翟裕生,邓军,崔彬,等. 成矿系统及综合地质异常[J]. 现代地质,1999,13(1):99～104.

翟裕生. 成矿系统及其演化——初步实践到理论思考[J]. 地球科学——中国地质大学学报,2000,25(4):333～339.

翟裕生. 成矿系统研究与找矿[J]. 地质调查与研究,2003,26(2):65～77.

翟裕生. 成矿系统研究与找矿[J]. 地质调查与研究,2003,26(3):129～135.

翟裕生. 论成矿系统[J]. 地学前缘,1999,6(1):13～27.

张本仁,李泽九,骆庭川等. 豫西卢氏-灵宝地区区域地球化学研究[M]. 见中华人民共和国地质矿产部地质专报(三),矿物,岩石,地球化学第5号. 北京:地质出版社,1987,92～158.

张国伟,张本仁,袁学诚,等. 秦岭造山带与大陆动力学[M]. 北京:科学出版社,2001.

张汉成,肖荣阁,安国英,等. 熊耳群火山岩系金银多金属矿床热水成矿作用[J]. 中国地质,2003,30(4):400～405.

张建奎. 可控源音频大地电磁测深法寻找隐伏矿体中的应用[J]. 甘肃地质,2006,15(2):65～67.

张林,张录星,杨彦峰. 崤山地区重磁异常与成矿[J]. 矿产与地质,2003,17(97):475～478.

张锐,刘洪涛,徐九华. 甚低频电磁法在龙头山多金属矿床勘查中应用[J]. 辽宁工程技术大学学报,2007,2(1):4～7.

张寿庭,徐旃章,郑明华. 甚低频电磁法在矿体空间定位预测中的应用[J]. 地质科技情报,1999,18(4):85～88.

张宗清,刘墩一,付国民. 北秦岭变质地层同位素年代研究[M]. 北京:地质出版社,1994.

赵景波. 中国黄土地环境研究的进展[J]. 干旱区地理,2000,23(2):186～190.

赵鹏大,陈建平,张寿庭. "三联式"成矿预测新进展[J]. 地学前缘,2003,10(2):455～463.

赵鹏大,陈建平,陈建国. 多样性与矿床谱系成矿[J]. 地球科学——中国地质大学学报,2001,26(2):111～117.

赵鹏大,陈永清. 地质异常矿体定位的基本途径[J]. 地球科学——中国地质大学学报,1998,23(2):111～114.

赵鹏大,陈永清. 基于地质异常单元金矿找矿有利地段圈定与评价[J]. 地球科学——中国地质大学学报,1999,24(5):443～448.

赵鹏大,池顺都,陈永清. 查明地质异常:成矿预测的基础[J]. 高校地质学报,1996,2(4):361～372.

赵鹏大,池顺都. 初论地质异常[J]. 地球科学,1991,241～248.

赵鹏大. "三联式"资源定量预测与评价——数字找矿理论与实践探讨[J]. 地球科学.2002,27(5):482～489.

赵荣军. 不同方法在栾川北部化探数据处理中的应用[J]. 地质与勘探,2006,42(3):67～71.

赵太平,金成伟,翟明国,等. 华北板块南部熊耳群火山岩的地球化学特征与成因[J]. 岩石学报,2002,18(1):61～69.

赵太平,翟明国,夏斌. 熊耳群火山岩锆石SHRIMP年代学研究:对华北克拉通盖层发育初始时间的制约[J]. 科学通报,2004,49(22):2342～2349.

赵太平,周美夫,金成伟,等. 华北陆块南缘熊耳群形成时代讨论[J]. 地质科学,2001,36(3):326～334.

赵元艺,马志红,仲崇学. 勘查地球化学方法和数据处理综述及发展方向[J]. 世界地质,1995,14(1):76～81.

郑玉清,王建琼. 滇东地区铂钯无模型定量成矿预测与评价[J]. 中国工程科学,2005,7(增刊):207～212.

周汉文,钟国楼,钟增球,等. 豫西小秦岭地区太华杂岩中花岗质片麻岩的元素地球化学及其构造意义[J].

地球科学——中国地质大学学报,1998,23(6):553~556.

周汉文,钟增球,凌文黎,等. 豫西小秦岭地区太华杂岩斜长角闪岩 Sm-Nd 等时线年龄及其地质意义[J]. 地球化学,1998,27(4):367~372.

周平,施俊法. 金属矿地震勘查方法评述[J]. 地球科学进展,2008,23(2):121~821.

朱嘉伟,张天义,侯存顺. 崤山地区拆离滑脱构造控矿模式及其找矿意义[J]. 矿床地质,2001,20(3):265~270.

朱裕生,梅燕雄. 成矿模式研究的几个问题[J]. 地球学报——中国地质大学学报,1995,2:182~189.

朱裕生,肖克炎,等. 成矿预测方法[M]. 北京:地质出版社,1997.

朱章森,张庆希,杨丽清. 求异理论与无模型预测[M]. 见:中国数学地质(3). 北京:地质出版社,1991.

朱章森. 矿产资源无模型预测法刍议[J]. 物探化探计算技术,1992,(1):60~62.

Agar B, Coulter D. Remote Sensing for Mineral Exploration - A Decade Perspective 1997—2007. In "Proceedings of Exploration 07: Fifth Decennial International Conference on Mineral Exploration" edited by B. Milkereit[C],2007:109~136

Alpers C N, Dettman D L, Lohmann K C, et al. Stable isotopes of carbon diopside in soil gas over massive sulfidemineralization at Crandon, Wisconsin[J]. J Geochem Explor, 1990, 38: 69~86.

Clarke J R, Meier A L. Enzyme leaching of surficical geochemical samples for detecting hydromorphic traceelement anomalies associated with precious metal mineralized bedrock buried beneath glacial overburden in northern Minneseta[J]. In GOLD'90,1990:189~207.

David W. Eaton, Bernd Milkereit, Matthew Salisbury. Seismic methods for deep mineral exploration: Mature technologies adapted to new targets[J]. The Leading Edge,2003:580~585.

Duda K A. ASTER and MODIS Data at the NASA LandProcesses Distributed Active Archive Center. Proceedings, 12th Australasian Remote Sensing & Photogrammetry Conference, Fremantle, Western Australia [C],2004.

Eze C L, Mamah L I, Cookey C. Very low frequency electromagnetic (VLF~EM) response from a lead sulphide lode in the Abakaliki lead/zinc field, Nigeria[J]. International Journal of Applied Earth Observation and Geoinformation,2004,5:159~163.

Fairhead D, Mark E. Odegard. Advances in gravity survey resolution[J]. The Leading Edge,2002:36~37.

Floyd F. Sabins. Remote sensing for mineral exploration[J]. Ore Geology Reviews,1999,14:157~183.

Harry V. Warren, Robert E. Delavault, John Barakso. Some observations on the geochemistry of mercury as applied to prospecting[J]. Economic Geology,1966,61:1010~1028.

Hauff P L. Field Spectroscopy. In: Spectral Sensing for Mineral Exploration: Workshop 2, 12th Australasian Remote Sensing & Photogrammetry Conference[C]. Fremantle, Western Australia,2004.

Kroner A, Compston W, Zhang G W, et al.. A geandteetorue setting of LateArcheangreenstone~gneiss terrainin Henan Province, China. as revealed bysingle~grain zircon dating[J]. Geology,1988,16:211~215.

Malmqvist L, Kristiansson K. Experiment evidence for an ascending microflow of geogas in the ground[J]. Earth and Planetary Science Letters, 1984, 70:407~416.

Mann A W, et al.. Partial extraction and mobile ions. In the Abstract of the 17th IGES. 1995.

Mark Goldie. A comparison between conventional and distributed acquisition induced polarization surveys for gold exploration in Nevada[J]. The Leading Edge. 2007:180~183.

Misac N. Nabighian, James C. Macnae. Electrical and EM methods, 1980—2005[J]. SEG,75,42~45.

Reinhard W. Leinz, Donald B. Hoover. The Russian CHIM method - electrically or diffusiondriven collection ofions[J] Explore, 1993 (79):5~9

Shmakin B M. The method of partial extraction of metals in a constant current electrical field for geochemical exploration[J]. J Geochem Explor, 1985, 23: 27~33.

Wang X Q. Leaching of Mobile form metals in overburden: development and applications[J]. J. Geochem. Explor., 1998, 61:39~55.

Xie X J. Surficial and superimposed geochemical expressions of giant ore deposits. In: Clark A H, ed. Giant Ore Deposits[M]. Kingston: Queen's university, 1995:475~485.

Yost E, Wenderoth S. The reflectance spectra of mineralized trees[A]. Proceedings of Seventh International Symposium on Remote Sensing of Environment[C]. University of Michigan, Ann Arbor, MI, 1971, 1:269~284.